本味

凉拌·小炒·汤煲

家常菜

1688 例

屈浩 主编

青岛出版社
QINGDAO PUBLISHING HOUSE

U0157939

图书在版编目（CIP）数据

本味家常菜：凉拌、小炒、汤煲3688例/屈浩主编；
美食生活工作室组编 . — 青岛：青岛出版社，2017.7
ISBN 978-7-5552-5706-6

Ⅰ.①本… Ⅱ.①屈… ②美… Ⅲ.①家常菜肴–菜谱 Ⅳ.① TS972.127

中国版本图书馆 CIP 数据核字（2017）第 143871 号

书　　名	**本味家常菜：凉拌、小炒、汤煲3688例**
主　　编	屈　浩
组　　编	美食生活工作室
联合编写	圆猪猪　Nicole　Candey　蜜　糖　谢宛耘
出版发行	青岛出版社
社　　址	青岛市海尔路182号（266061）
本社网址	http://www.qdpub.com
邮购电话	0532-68068091
选题策划	刘海波　钦林威
责任编辑	周鸿媛　贺　林
装帧设计	任珊珊
制　　版	青岛乐喜力科技发展有限公司
印　　刷	青岛嘉宝印刷包装有限公司
出版日期	2019年3月第2版　2023年11月第11次印刷
开　　本	16开（710毫米×1000毫米）
印　　张	19
字　　数	340千
图　　数	2353幅
书　　号	ISBN 978-7-5552-5706-6
定　　价	39.00元

编校印装质量、盗版监督服务电话：4006532017　0532-68068050
本书建议陈列类别：美食类　生活类

目录 contents

第三章

百吃不厌的 美味热炒

鲜美水产

第五章

超人妈妈——给孩子的营养早餐

第六章

大展身手——私人订制套餐

第一章

从零开始
学下厨

烹饪术语入门课

▼ 什么是旺火、中火、文火？

旺火就是大火，文火就是小火。通常我们家庭用燃气灶的火力是不如专业厨房的，家庭燃气灶的火力从 3.2kW ~ 4.5kW 不等。

图 1：大火：适合快炒、蒸制菜肴、油炸小块食物等。

图 2：中火：适合煲浓汤、炸制大块食物等。

图 3：散状小火：适合炖煮、爆香、煎鱼、豆腐、炸果仁等。

图 4：集中小火：适合炖煮、煲清汤等。

Tips 散状小火可让食物受热均匀，但有时火开太小容易熄灭，不安全。所以，最好用集中小火来炖煮或煲汤。

▼ 什么时候用大火？什么时候用中火？什么时候用小火？

炒菜时要用大火，尤其是在炒青菜、海鲜类时，更应大火快炒，以免蔬菜、海鲜出水。蒸制菜肴时也要用大火（面食除外），用大火才能使蒸气充足，让食物快速成熟。煮制食物时先用大火将水烧开，再转小火焖煮。油炸体积较小的食物用大火，才能保持外酥内嫩的口感。

油炸体积较大的食物用中火，才能把食物内部炸熟。煮浓汤时用中火，才能煮出奶白色的汤。

焖煮食物时用小火，小火会让食物慢慢入味，又不至于让水分快速流失。炖清汤时用小火，只有小火才能让食材不散烂，且能将味道慢慢溶入汤中。煎制食物时用小火，才会把食物内部煎熟、外部煎酥脆。炸果仁，如花生、腰果等时，用小火、冷油，只有小火才能将果仁内部炸熟而不至于炸焦。

▼ 烹制煎炸类菜肴时，如何把握火候？

炸小块肉类食材时，如斩成小件的排骨，用大火迅速炸至排骨表面金黄即可。

炸大块食材时，如斩成大件的排骨，先用中火炸熟，再转大火炸至表面金黄，以免大火炸至表面变焦而内部未熟。

炸果仁时，如腰果、花生等，要冷油下锅，然后用小火一直炸至果仁表面金黄。

炸鱼时不宜久炸，只需把鱼身表面炸至金黄即可。炸的时间太长，鱼肉就会变得干硬，口感不好。

【例如】炸排骨：

1. 锅内倒入 600 毫升植物油，用中火烧至 170℃，放入腌好的排骨。

2. 转大火一边炸一边用网筛翻动，将排骨炸至表面金黄酥脆时即可捞起沥油。

3. 将炸过排骨的油过滤入不锈钢饭盒内，密封好，可保存 2 ~ 3 个月。但煎炸过带鱼等腥味重的油，就不要再回收了。

▼ 如何判断油温？

锅入油烧热，取一双竹筷子或木筷子做测试，不要用金属或陶瓷筷子。

120 ~ 140℃（三四成热）

油表面平静，不冒烟。将筷子放入油锅内，周围基本不起泡。

150 ~ 160℃（五六成热）

油从四周往中间翻动，微冒青烟。将筷子放入油锅内，周围起轻微小泡。

160 ~ 180℃（七八成热）

油面较平静，冒出大量青烟。将筷子放入油锅内，周围立刻起大量的油泡。这时就可以投入食品进行炸制了。

> **Tips** 也可用面糊（或肉丝）进行测试。锅入油烧热，先取一小块面糊（肉丝）投入油锅，如果面糊（肉丝）沉入锅底，说明油温不够热；如果面糊（肉丝）马上浮上油面，并在周围起大量的油泡，说明温度已够，此时可投入食品开始炸制了；如果面糊（肉丝）马上变煳了，说明油温过高，要熄火把油温降到合适的温度，再投入食材炸制。

▼ 炸制食物时需要多少油？

炸制食物时，饭店里通常都会使用大量的油，以将食材淹没为准，这样就很容易将食物炸熟。为了省油，我们可以采用少量油、分次炸的方法：将油锅倾斜至油可以淹没过食材，分次少量地加入要炸的食材进行炸制。

▼ 什么叫腌制？

腌制是指将新鲜肉类或鱼类用盐、酱油、糖、玉米淀粉、色拉油、清水等调料拌匀，静置 20 ~ 60 分钟或更长时间，使食材充分吸收调料味。腌制的时间越长，食材入味的效果越佳。夏季如腌制时间超过 30 分钟，请移入冰箱冷藏腌制，以防变质。

【例如】腌制鸡肉：

将切成小块的鸡肉放入碗内，调入盐、生抽、糖、玉米淀粉、色拉油，倒入清水。

用筷子搅拌均匀，放置 20 分钟即完成腌制。

▼ 什么叫氽（焯）烫？

氽（焯）烫是指将生的食材放入开水或冷水锅中，煮 3 ~ 20 分钟不等，取出食材后冲洗干净，放在盛器中，等待做下一步加工，氽（焯）烫用过的水丢弃不用。

【例如】氽烫猪脊骨（图 1 ~ 2）：

锅入水烧开，放入脊骨，煮至脊骨由红色变为白色、水上浮起一层泡沫。捞起脊骨，冲洗净浮沫，即完成氽烫。

【又如】焯烫西蓝花（图 3）：

锅内放入清水，调入少量盐、植物油，大火烧开，放入西蓝花焯烫 1 ~ 2 分钟，捞起西蓝花，投入冷水中浸泡片刻，即完成焯烫。

▼ 为什么要氽（焯）烫？

一些纤维较粗或不易成熟的蔬菜，如芥蓝、油菜、西蓝花、豌豆等，需要先经焯烫，才能再做凉拌或炒制，这样才不至于食材表面炒得过老而内里未熟。生肉、骨头尽管经过反复冲洗，也只能去除表面的血迹，而内部（特别是骨头）的血仍然存在，只有经过氽烫才能煮出血水，去除腥味。一些海产品，如鱿鱼、八爪鱼等，也需先经氽烫才可去除水分及腥味，否则在炒制时会严重出水。

▼ 氽（焯）烫时用冷水还是热水？氽（焯）烫的时间要多长？

焯烫蔬菜用开水下锅，是为了保持蔬菜的营养成分不流失。焯烫时间不宜过长，将蔬菜放入开水中，待水再次沸腾即可。为保持蔬菜翠绿的颜色，可在水中加少量盐及色拉油。

用小块肉做菜时，如红烧肉，为了保持肉块的鲜味，用沸水氽烫3分钟即可捞起。用一整块肉做菜时，如东坡肉，为了使肉块的内部能煮透，要用冷水下锅氽烫。猪大骨因十分粗大，骨头内会藏有很多血污，因此也需要冷水下锅氽烫。下锅后会逐渐看到血水渗出，要煮到看不到血水为止。猪脚若切成小块可用开水氽烫，若切成大块就要用冷水氽烫。若食材不是十分新鲜，为了给食材去腥，则一定要冷水下锅氽烫，并在水中加入姜片、香葱。

▼ 什么叫断生？

断生是指将食材预热处理至刚熟即可，再烹调下去食材就会过于软烂失去爽脆的口感。判断食物是否达到断生程度，通常是看食物的颜色是否发生了变化：如瘦肉的色泽由红色转为白色，青菜的色泽由浅色转为深色，即表示食材已断生。

▼ 什么叫爆香？

爆香是指锅内先放少量油，不待油烧热，就将葱白段、洋葱、蒜头、生姜、辣椒等辛香料放入锅内炒至出香味。另外，如香菇、海米、水发鱿鱼等干货、海产品也需经过爆香，才能真正炒出它们本身的香味。花椒、八角、桂皮、干辣椒等香料也需经过爆香，才能使香气更浓。

> **Tips**
> 爆香时要注意，爆香要使用低油温、中小火才能炒出香味，而食材又不至于烧煳。如果油温过热，食材一放下去表面就焦煳了，而内里的香味还未出来。

【例如】爆香红椒、生姜、大蒜：锅内放入油，不待烧热，放入红椒、生姜、大蒜，用中小火炒至出香味。

【又如】爆香香菇、水发鱿鱼丝：锅内放入油，不待烧热，放入水发鱿鱼丝和香菇丝，用中小火炒至出香味。

▼ 什么叫上汽?

上汽是指锅内注入凉水，放入要蒸制的食材（或等水开后再放入食材），加盖，大火烧开后会有大量水蒸气出来，利用蒸气的温度使食物成熟的一种烹饪方法，多用于蒸菜。蒸制菜肴时，水开后再放上菜肴，在菜肴未蒸制完成时，中途不要开盖。特殊情况，如蒸制馒头等面食时，则要根据需要用冷水或温水开始蒸制，蒸好后也要等几分钟再开盖。

▼ 什么叫勾芡?

勾芡就是在菜肴或汤汁接近成熟时，将调匀的淀粉汁淋在菜肴上或汤汁中，使菜肴的汤汁稠浓。勾芡用的淀粉常选用玉米淀粉或土豆淀粉，加水配比调和而成。多用于炒、烧类菜肴。

勾浓芡：玉米淀粉和清水的比例是 1 : 3 。

勾薄芡：玉米淀粉和清水的比例是 1 : 4 。

> **Tips** 提前调配好的淀粉汁在勾芡时会有沉淀现象，往锅里倒入时要重新搅拌一下；不要一次全倒入，要一点点地加，直到菜肴汤汁的浓稠度满意为止。

▼ 烹调时，什么时候放调料?

初学厨艺时，放盐、生抽等调料时不要一次全加入，而是少量分次地加入，然后炒拌均匀。调料放入后要先夹出一些菜尝试一下，再决定是否要继续加，否则做出来的菜太咸就很难补救了。要注意的是，大多数现成的酱料，如豆瓣酱、黄豆酱、黄酱、甜面酱、柱侯酱等，都含有盐，在使用这些调料做菜时，尽量不要再放盐或少放盐，以免过咸。

炒青菜时要最后放盐，因为过早放盐会造成青菜水分和水溶性营养素的流失。

炖鸡时如果过早放盐，会直接影响到肉和汤的口味，不利于营养素的保存。

煲汤时也不要过早放盐，盐会加速肉内水分的流失，也会加快蛋白质的凝固，影响汤的鲜味，要等到煲好后再加盐、鸡精等其他调料。

做红烧及焖煮菜时，要提早放调料，然后用小火焖制，这样味道才会慢慢进入食材内。

陈醋、香油要在炒完菜临出锅时放，否则香气容易散失，影响效果。

烹调酱料时，如黄酱、甜面酱、柱侯酱等，先将酱料炒一下会更香。炒时加点砂糖、酒，做出来的味道会更好。

▼ 本书所用调料用量换算表

本书调料用量是用如图这套量匙来称量的，称量时以平平一匙为准。建议您在开始学厨时，购买一套这样的量匙，调味精准才会做出味道合适的菜肴。量匙在超市和淘宝店都可以购买到，价格 8 ~ 10 元不等。

量杯	
1. 1/4 杯	60 毫升
2. 1/3 杯	80 毫升
3. 1/2 杯	125 毫升
4. 1 杯	250 毫升

量匙	
1. 1/4 小匙	1.25 毫升
2. 1/2 小匙	2.5 毫升
3. 1 小匙	5 毫升
4. 1/2 大匙	7.5 毫升
5. 1 大匙	15 毫升

常用调料
计量换算表

干性材料			液体材料	
细　　盐	1小匙 = 5克		清　水	1大匙 = 15毫升=15克
细 砂 糖	1小匙 = 4克	1大匙 = 12克		1杯 = 250毫升
鸡　精	1小匙 = 5克		生　抽	1大匙 = 15毫升=15克
玉米淀粉	1大匙 = 12克		色拉油	1大匙 = 15毫升=14克
中筋面粉	1小匙 = 2.4克	1大匙 = 7克	蜂　蜜	1大匙 = 21克

简单刀工

▼ 切丁（以黄瓜为例）

  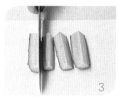 

切去黄瓜两头的尖端，这个部位会有些苦味。 | 将黄瓜横切成长段。 | 再纵剖成4份。 | 将切好的长条用手收拢，横切成丁状即可。

▼ 切菱形片（以黄瓜为例）

先将黄瓜平整的一面斜切一刀。（切下的这块不用，可以吃掉） | 再顺着斜刀的位置，间隔两指宽斜切一刀，切下来是个斜的圆柱状。 | 将圆柱状立放在案板上，顺着宽的一面切薄片，即成菱形片。

▼ 切丝（以黄瓜为例）

先斜刀将黄瓜的尾部切除，丢弃。 | 顺着切口斜切成薄片，刀倾斜角度越大则切面越长，切出的丝也越长。 | 切好3～5片后将片堆叠在一起，切成丝状即可。

▼ 切半圆片（以黄瓜为例）

1.将切成长段的黄瓜对半切开，再斜切一刀，去掉边角。
2.顺着斜边切薄片即可。

▼ 切滚刀块（以黄瓜为例）

1. 将黄瓜斜切下一小块。使黄瓜一头呈尖角状。

2. 将黄瓜滚动一下，再斜切下尖角部分。如此反复，滚动一次就切一次，切下的不规则块就叫滚刀块。

▼ 切条（以胡萝卜为例）

胡萝卜切成长段，先在侧边横切下一小片。（因为圆柱形容易打滑，切出一个平面后可以立得平稳）

将切出的平面朝下放平，再横向切成薄片。

将切好的薄片每3～5片一组堆叠起来，再横向切成条状即可。

▼ 西蓝花（菜花）的切分法

1. 西蓝花不要从花朵顶部切，正确的方法是从根茎部开始切。

2. 每一小朵都有一个枝节，顺着枝节割下每一小朵花。如果觉得分割下的花朵太大，还是从根茎部再分割开即可。

▼ 快速切洋葱碎

先将洋葱对半剖开。

将其中一半先横切成条状（不要切断），不要把洋葱散开。

将洋葱整个调转90°，再纵切下去，洋葱碎就切好了。

▼ 辣椒的处理方法

将辣椒蒂部切除。

用菜刀从辣椒中间横向剖开。

剖开的辣椒用刀轻拍,使辣椒变得扁平。

菜刀平放,将辣椒籽及辣椒蕊割除。

将辣椒横向切丝。

如要切块,则将辣椒纵向对切开。

切去头、尾和边角,再斜切成菱形块即可。

▼ 切出美丽的葱花(1)

取香葱,择洗净。

选葱叶粗的部分切段。

用剪刀将葱叶切成5等份。

放入凉水中浸泡1分钟,就会翻卷成美丽的花朵了。

▼ 切出美丽的葱花(2)

取葱白和红尖椒,葱白切段。

红尖椒切小圈,用竹签将尖椒圈里的籽去除。

将尖椒圈套在葱白上。

用竹签将葱白划开成细丝,放入凉水中浸泡1分钟即可。

▼ 切出美丽的葱花(3)

取2根葱叶。

用刀剖开成片状。

将葱片切成细细的丝。

放入凉水中浸泡1分钟就会翻卷成葱花了。

常用食材营养功效、相克相宜及预处理

青椒

青椒别名大椒、灯笼椒、柿子椒，含蛋白质1.47%、脂肪8.82%、碳水化合物5.4%、纤维素1.85%，以及多种维生素和丰富的水分，能促进食欲，帮助消化。

青椒类预处理

将青椒洗净后掰开。　　去除蒂和内部的籽。

菜花

含碳水化合物、蛋白质、脂肪和多种维生素、矿物质，具有清热解毒、爽喉开音、润肺止咳等功效，是肝炎、咳嗽、肺结核患者的食疗佳品，还有一定的防癌抗癌功效。

搭配宜忌

✅ 适宜搭配

菜花+香菇：通利肠胃，强筋壮骨，降血脂。

菜花+番茄：清血健身，预防疾病。

菜花+玉米：健脾益胃，补虚解乏，助消化。

菜花+豆浆：美容养颜。

菜花+蚝油：健脾开胃，抗衰防癌。

菜花+鸡蛋：健脾开胃，防老抗衰。

菜花+猪肉：强身壮体，滋阴润燥。

菜花+鸡肉：提高免疫力。

西蓝花

含粗蛋白、纤维素、多种维生素和矿物质等，具有补肾填精、健脑壮骨、补脾和胃等功效，适用于久病体虚、肢体痿软、耳鸣健忘、脾胃虚弱、小儿发育迟缓等证。防癌抗癌功效较强。

搭配宜忌

✅ 适宜搭配

西蓝花+猪肉：美白肌肤，消除疲劳，提高免疫力。

西蓝花+糙米：护肤，防衰老，抗癌。

❌ 不适宜搭配

西蓝花+牛肝：牛肝中的铜，会使维生素C氧化，降低营养价值。

西蓝花+猪肝：影响人体对矿物质的吸收。

黄瓜

含蛋白质、碳水化合物、多种维生素和矿物质等，具有清热解毒的功效，有助于降低胆固醇，对咽喉肿痛、红眼病等有一定的辅助疗效，还可滋润皮肤、预防毛孔堵塞。

搭配宜忌

✅ **适宜搭配**

黄瓜＋马铃薯：健脾和胃，润肤。
黄瓜＋黄花菜：补虚养血，利湿。
黄瓜＋豆腐：清热解毒，利尿消肿。

黄瓜＋乌鱼：清热利尿，健脾益气。
黄瓜＋蒜：降脂，美容。
黄瓜＋木耳：降脂，补血。

黄瓜预处理

无刺黄瓜洗净，加少许盐用清水浸泡。

带刺黄瓜要用刷子刷洗。

蓑衣花刀切法

黄瓜放在案板上，两侧放两根筷子。

刀身与黄瓜呈45°角，均匀切花刀。

将黄瓜翻转180°，切过的刀口向下，依然保持刀身与黄瓜呈45°角，与原刀口交错再切花刀。

冬瓜

含蛋白质、膳食纤维、多种维生素和矿物质等，有止渴、清热解毒、利尿祛湿、消肿等功效，有助于防治脚气病、淋病、水肿、热毒、黑斑、黄褐斑等症，且使面色红润、富有光泽。

搭配宜忌

✅ **适宜搭配**

冬瓜＋芦笋：降脂降压，清热解毒。
冬瓜＋蘑菇：清热利尿，补肾益气。
冬瓜＋菜花、红枣：清热解毒，减肥润燥。

冬瓜＋猪肉：促进多种营养素的吸收。
冬瓜＋鸡肉：补中益气，消肿轻身。
冬瓜＋海带：清热利尿，祛脂降压。

冬瓜预处理

冬瓜用刷子刷洗干净。

用削皮刀削去硬皮。

挖去冬瓜瓤。

去皮冬瓜一切两半。

处理好的样子。

苦瓜

含有纤维素、苦瓜苷、多种维生素和矿物质，维生素C含量极丰富，具有清暑祛热、明目解毒等功效，对热病烦渴、痢疾、痈肿丹毒等有一定的食疗作用。

搭配宜忌

✅ 适宜搭配

苦瓜 + 茄子：清热解毒，营养全面。

苦瓜 + 洋葱：提高机体免疫功能。

苦瓜 + 青椒：开胃消食，抗衰老。

苦瓜 + 辣椒：开胃，凉血。

苦瓜 + 玉米：清热解暑，降血糖。

苦瓜 + 豆腐：清热解毒。

苦瓜 + 鸡蛋：有利于骨骼、牙齿及血管的健康。

苦瓜 + 瘦肉：提高人体对铁元素的吸收利用率。

苦瓜 + 猪肝：抗癌效果更佳。

苦瓜 + 鸡翅：健脾开胃，清热解毒。

苦瓜 + 带鱼：保肝，降酶。

苦瓜预处理

苦瓜用刷子刷洗净。

顺长剖开。

挖去苦瓜瓤。

南瓜

含蛋白质、碳水化合物、葫芦碱、南瓜子碱、果胶、甘露醇、多种维生素等，具有补中益气、润肺化痰、消炎止痛、解毒杀虫的功效。

搭配宜忌

✅ 适宜搭配

南瓜 + 山药：补中益气，强肾健脾。

南瓜 + 绿豆：补中益气，清热生津。

南瓜 + 红豆：健美润肤。

南瓜 + 莲子：补中益气，清心利尿。

南瓜 + 红枣：补中益气，收敛肺气。

南瓜 + 猪肉：增加营养，降血糖。

❌ 不适宜搭配

南瓜 + 番茄：破坏维生素C。

南瓜 + 羊肉：导致胸腹闷胀、不适。

南瓜预处理

南瓜用菜瓜布或鬃刷刷洗净。

对半剖开。

用汤匙将瓤挖出。

用菜刀将南瓜皮削去，削时注意菜刀要贴着皮，不要削太厚。

甘蓝
（卷心菜）

含蛋白质、碳水化合物、多种维生素和矿物质，可益肾、填脑髓、利五脏、调六腑、利关节、通经络、明耳目、益心力、壮筋骨，还具有防衰、抗氧化、减肥美容、预防贫血、抗癌等作用。

搭配宜忌

甘蓝预处理

✅ **适宜搭配**

卷心菜＋黑木耳：补肾壮骨，填精健脑，健胃通络。

卷心菜＋海米：同食营养价值提高。

卷心菜＋虾、香菇：强壮身体，防病抗病。

甘蓝洗净，根部朝上放在案板上，左手按住，用长水果刀顺根部切入2厘米，刀尖朝菜心。

将水果刀顺着菜根旋转切一圈。

将刀尖向上一撬，菜根就撬下来了。

从根部可以将菜叶完整地剥下来。

菜叶放入加少许盐的清水中浸泡，再洗净即可。

芹菜

含蛋白质、脂肪、胡萝卜素、挥发油、芹菜糖苷、佛手柑内酯、有机酸等营养成分，具有清热止咳、降压降脂、平肝凉血、健脾利尿、消炎调经等作用，常食可预防结核，除烦热，祛瘀血。

搭配宜忌

✅ **适宜搭配**

芹菜＋番茄：健胃消食，降压。

芹菜＋核桃：润发明目，养血。

芹菜＋豆腐、牛肉：健脾，利尿，降压。

芹菜＋花生：清肝降压，润肺止血。

芹菜＋海米、莲藕：滋补，润肠。

芹菜预处理

芹菜洗净，择下芹菜叶子。

撕去芹菜梗表面的粗丝。

处理好的样子。

洋葱

含有尼克酸、维生素 B_1、维生素 B_2、胡萝卜素、柠檬酸盐、多糖等营养成分，具有祛痰、利尿、健胃、润肠、解毒、杀虫等功能，对食欲缺乏、痢疾、肠炎、虫积腹痛、大便不畅等有效。

搭配宜忌

✅ 适宜搭配

洋葱+玉米：生津，降糖，降脂。

洋葱+苦瓜：提高机体免疫力。

洋葱+蒜：抗癌。

洋葱+猪肝：补虚损，强身健体。

洋葱+鸡蛋：营养更全面。

洋葱+牛肉（炒）：益气增力，化痰降脂，降压降糖。

洋葱+猪瘦肉：强身壮体，润肺止咳。

洋葱+鸡肉（炒）：滋阴益肾，活血降脂。

❌ 不适宜搭配

洋葱+黄花鱼：洋葱里的草酸会分解、破坏海鱼中富含的蛋白质，并使之沉淀，故易生成结石。

洋葱预处理

剥去洋葱外层干皮。

切去洋葱两头。

切圈：洋葱横放在案板上，直刀切出洋葱圈。

切丝：洋葱对半切开，切丝。

番茄

含碳水化合物、维生素、胆碱、番茄红素、钙、铁、磷等，能预防及改善前列腺增生等男性生殖系统疾病，保护心血管，提高免疫力，抗老化，对高血压、夜盲症、肾病患者有食疗作用。

搭配宜忌

✅ 适宜搭配

番茄+芹菜：降压，健胃，消食。

番茄+菜花：凉血健身，增强抗病毒能力。

番茄+豆腐：生津止渴，益气和中。

番茄+鸡蛋：健美，抗衰老。

番茄+鲳鱼：为儿童的生长发育提供充足的营养。

番茄+鲫鱼：补中益气，养肝补血，通乳增乳。

❌ 不适宜搭配

番茄+胡萝卜：降低营养价值。

番茄+南瓜：破坏维生素C。

番茄+动物肝：降低营养价值。

番茄预处理

冲洗一下。

放入烧开的水中烫一下。

取出番茄，即可轻松地将皮剥去。

芸豆

含碳水化合物、蛋白质、脂肪、钙、多种维生素等营养成分，B族维生素、维生素C含量尤其丰富，具有调和脏腑、安养精神、益气健脾、消暑化湿和利水消肿等功效。

搭配宜忌

✅ 适宜搭配

芸豆＋干香菇：保护眼睛，防癌抗衰，美容养颜。

芸豆＋花椒：强化钙的吸收，帮助血液凝固，促进骨骼生长。

❌ 不适宜搭配

芸豆＋醋：醋里的醋酸会破坏类胡萝卜素，使营养流失。

芸豆类预处理

（豇豆、荷兰豆等预处理方法相似）

芸豆择去两侧筋。

清洗干净。

备注：用手将芸豆掰成段，烹饪时比用刀切的更易入味。

绿豆芽

富含膳食纤维、维生素 B_2、维生素C、多种氨基酸等，具有清暑热、调五脏、解诸毒、利尿除湿的功效，还能预防消化道癌症、清除血管壁中胆固醇和脂肪的堆积、防止心血管病变。

搭配宜忌

✅ 适宜搭配

绿豆芽＋韭菜：促进营养素吸收利用。

绿豆芽＋猪肝：有利于人体对营养成分的吸收。

绿豆芽＋鸡肉：防治心血管疾病及原发性高血压。

黄豆芽

富含优质植物蛋白、维生素和钙等矿物质，热量低，水分和膳食纤维含量高，可增强机体抗病毒、抗肿瘤能力，还可利湿清热，对胃气积结、胃中积热、水胀肿毒等症患者有益。

搭配宜忌

✅ 适宜搭配

黄豆芽＋鸡肉：营养更均衡。

黄豆芽＋鸭肝：清热，利湿，通脉。

黄豆芽＋猪血：改善失眠。

竹笋

含蛋白质、碳水化合物、膳食纤维、多种维生素及微量元素，具有滋阴凉血、清热化痰、解渴除烦、清热益气、利膈爽胃、利尿通便、解毒透疹、养肝明目、消食等功效。

搭配宜忌

✅ 适宜搭配

竹笋＋鸡肉：降压，健胃，消食。

竹笋＋香菇：暖胃，益气，补精，填髓。

竹笋＋猪肉：明目，利尿，降血压。

竹笋＋猪腰：祛热化痰，解渴益气。

竹笋＋鲫鱼：滋补肾脏，利尿消肿。

❎ 不适宜搭配

竹笋＋红糖：竹笋性寒，红糖性温，二者同食功效相抵。

竹笋预处理

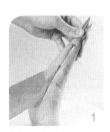
1 用刀从笋尖至笋根划一刀。

2 从开口处把笋壳整个剥掉。

3 靠近笋尖的部分斜切成块。

4 靠近根部的部分横切成片。

莲藕

富含碳水化合物、纤维素、多种维生素、钙、铁、磷等营养成分，其中维生素 C 含量较高。生食生津凉血，熟食补脾益血。莲藕的止血作用较强，常用于辅助治疗各种出血症。

搭配宜忌

✅ 适宜搭配

莲藕＋糯米：补中益气，养血。

莲藕＋莲子：补肺益气，除烦止血。

莲藕＋百合：益心润肺，除烦止咳。

莲藕＋毛豆：补中养神，宽中下气，清肺利咽。

莲藕＋大米：健脾开胃，止泻，益血。

莲藕＋猪肉、排骨：滋阴养血，健脾养胃。

莲藕＋羊肉：补虚劳，润肺养血。

莲藕＋鳝鱼：保持体内酸碱平衡。

莲藕＋鸭肉：清热润燥。

莲藕预处理

1 将莲藕从藕结处切开，切去两头。

2 削去莲藕的表皮。

3 将去皮莲藕用清水清洗干净。如果不马上使用，要用清水浸泡，以防止变黑。

4 处理好的莲藕。

芦荟

富含烟酸、生物素、维生素 B_6，具有清肝热、通便秘、排毒抗癌等功效，适用于便秘、小儿疳积、惊风等证；芦荟富含铬元素，能调节血糖代谢；芦荟外用可治湿癣等证。

搭配宜忌

✅ 适宜搭配

芦荟+黑木耳：降低血糖，辅助治疗糖尿病。

芦荟+柠檬：抑制炎症，止痛。

芦荟+苹果：生津止渴，健脾益胃，消食顺气。

芦荟+烧酒：辅助治疗神经痛。

芦荟+南瓜：美容润肤。

芦荟预处理

芦荟切去两端，切段。

将芦荟片去表皮。

将去皮芦荟表面修齐整。

芦荟果肉用清水浸泡，备用。

木耳

富含蛋白质、脂肪、多糖、多种维生素和矿物质，具有滋阴润肺、益气养胃、活血通络、补脑强心、降低胆固醇等功效，适于久病体弱、贫血、痔疮、高血压、便秘、血管硬化等。

搭配宜忌

✅ 适宜搭配

木耳+红枣：调理气血。

木耳+黄瓜：滋补强壮，平衡营养。

木耳+蒜薹、豆腐：滋阴润肺，凉血止血。

木耳+海带：清热解毒，益气生津。

木耳+猪肉：降低心血管病发病率。

木耳+猪腰、鲫鱼：补肾利尿。

干木耳预处理

干木耳用水冲洗一下。

用淘米水泡发干木耳。

泡发好的样子。

泡好的木耳清洗干净。

切除未泡发的部分。

剪去硬蒂，撕成小朵即可。

银耳

富含植物多糖、蛋白质、脂肪、多种氨基酸、钙、铁等营养成分，具有滋阴润肺、补脾开胃、益气清肠等功效。据研究，银耳还能增强人体免疫力，提高肿瘤患者对放、化疗的耐受力。

搭配宜忌

✅ 适宜搭配

银耳+雪梨、川贝：滋阴润肺，治疗久咳不愈效果佳。

银耳+莲子：可减肥，祛除脸部黄褐斑、雀斑。

银耳+人参：对肺结核患者有极佳的食疗效果。

银耳+黑木耳：增强彼此功效。

银耳+鸭蛋：养阴润肺，治疗喉痹干咳、声音嘶哑。

银耳+青鱼：补益肝肾，利水消肿。

银耳+菊花：清肝，解毒，明目。

干银耳预处理

干银耳用水冲洗一下。

用开水泡发干银耳。

泡发好的样子。

切去黄色硬蒂。

去除未泡发的部分，洗净即可。

香菇

香菇是高蛋白、低脂肪的保健食品，富含香菇多糖和多种酶类、氨基酸及维生素等营养成分，具有补气养血、健脾消食、益肾和胃、祛风活血、化痰、抗癌、防衰老等功效。

搭配宜忌

✅ 适宜搭配

香菇+蘑菇：滋补，消食化痰。

香菇+西蓝花：营养更全面。

香菇+油菜、菜花：益智健脑，润肠通便。

香菇+薏米：健脾利湿，防癌抗癌。

香菇+毛豆：促进食欲。

香菇+猪肉、鲤鱼：营养均衡，健身强体。

❌ 不适宜搭配

香菇+驴肉：可能引起腹痛、腹泻。

干香菇（花菇）预处理

干香菇冲洗一下，用沸水泡至回软（泡发香菇的水营养丰富，过滤后可用于炒菜、煮汤）。

捞出泡发好的香菇，用剪刀剪去根部，漂洗去泥沙杂质。

干花菇先用水冲洗一下。

用沸水泡至回软，再次洗净。

处理好的样子。

金针菇

富含蛋白质、多糖、胡萝卜素、维生素B₂、维生素C、朴菇素、牛磺酸、多种氨基酸和矿物质等营养成分，具有补肝、益肠胃、抗癌等功效，适用于肝病、胃肠道炎症、溃疡、癌瘤等症。

搭配宜忌

✅ 适宜搭配

金针菇 + 豆腐：防癌抗癌。

金针菇 + 白萝卜：健脾胃，安五脏，益智健脑。

金针菇 + 绿豆芽：清热解毒。

金针菇 + 猪肚：改善食欲不振、肠胃不适等。

金针菇 + 鸡肉：益气补血。

❌ 不适宜搭配

金针菇 + 驴肉：可能会引起腹痛、腹泻。

金针菇预处理

金针菇切去根部。

用手将金针菇分开，切两半。

放入清水中浸泡10分钟，期间用筷子朝一个方向搅动1~2分钟。

用清水洗净即可。

百合

含碳水化合物、蛋白质、脂肪及多种维生素和矿物质等，具有养阴润肺、清心安神等功效，适用于心阴亏虚、虚烦口渴、心悸怔忡、失眠多梦及肺阴亏虚见干咳少痰、痰中带血、潮热盗汗等。

搭配宜忌 干百合预处理 鲜百合预处理

✅ 适宜搭配

百合 + 鸡蛋：滋阴润燥，补血安神，清心除烦。

百合 + 粳米：改善心烦、失眠。

百合 + 银耳：生津止渴，清热除烦，利咽润肠。

干百合用清水冲洗干净。

用清水浸泡1~2小时至软。

泡好的百合。

鲜百合剥去外层皮,冲洗干净。

将鲜百合逐瓣掰开。

掰好的百合瓣再次冲洗干净即可。

白果

富含粗蛋白、粗脂肪、还原糖、核蛋白、粗纤维及多种维生素、矿物质等，具有敛肺气、定喘嗽、止带浊、缩小便之功效，适用于哮喘、咳嗽、白带、白浊、遗精、淋病、小便频数等。

搭配宜忌　干白果预处理

✓ 适宜搭配

白果＋芦笋：润肺定喘，对高脂血症及高血压有辅助疗效。

白果＋肉类：使菜肴更加鲜香味美。

✗ 不适宜搭配

白果＋鳗鱼：《日用本草》："白果，多食壅气动风，小儿多食昏霍，发惊引疳。同鳗鲡鱼食患软风。"

将白果放在砧板上，用菜刀将壳拍破，剥去壳。

取出白果仁，剥去表面的薄膜即可。

莲子

富含碳水化合物、蛋白质、维生素C、钙、铁、磷等，具有补心养血、补脾止泻、益肾涩精、养心安神等功效，适用于脾虚久泻、遗精带下、心悸失眠等证。孕妇食之能预防早产、流产等。

搭配宜忌　干莲子预处理

✓ 适宜搭配

莲子＋桂圆：补中益气。

莲子＋芡实：益肾固精，安神助眠。

莲子＋枸杞：乌发明目，健身延年。

莲子＋莲藕：补肺益气，除烦止血。

莲子＋红薯：润肠通便，美容。

莲子＋山药：健脾补肾，抗衰益寿。

莲子＋金银花：可治疗因热毒内扰而引起的暴泻、痢疾等证。

莲子＋猪肝：补虚损，健脾胃。

✗ 不适宜搭配

莲子＋牛奶：有便秘症状者不可将牛奶和莲子搭配食用，否则会加重便秘症状。

莲子放入耐热容器中，加清水浸泡1小时。

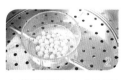

上蒸笼蒸约1小时至熟透。

捞出莲子，过凉水。

用牙签从莲子底部捅出莲心。

再洗净莲子即可。

红枣

富含蛋白质、脂肪、糖类、多种维生素和矿物质，能补中益气、养血生津，适宜脾胃虚弱、食少便溏、气血亏虚、神经衰弱、脾胃不和、消化不良、劳伤咳嗽者食用。养肝防癌功效突出。

搭配宜忌

☑ **适宜搭配**

红枣＋栗子、党参：健脾益气。

红枣＋桂圆：补血，养血，安神。

红枣＋红豆：补益心脾，利水消肿。

红枣＋木耳、乌鸡：补血，调经，养颜。

红枣＋核桃、鲤鱼：补血，强身。

红枣＋黄豆、猪蹄：丰胸，通乳。

☒ **不适宜搭配**

红枣＋葱、蒜：可能导致消化不良。

红枣预处理及去核

红枣用清水洗净。

将红枣放在蒸笼算子上。（算子孔的大小比红枣核略大为佳）

红枣对准算孔，用筷子从顶部将红枣核用力推出，使枣核从算子孔中穿过。

猪肉

含蛋白质、脂肪、碳水化合物、维生素 B_1、维生素 B_2、烟酸、钙、磷等营养成分，具有滋阴润燥、补肾养血、益气强身的作用，可用于病后体虚、产后血亏等。

搭配宜忌

☑ **适宜搭配**

猪肉＋山楂：祛斑，消淤。

猪肉＋南瓜：增加营养价值，降血糖。

猪肉＋蒜、蘑菇：加强维生素 B_1 等多种营养素的吸收。

猪肉＋豆苗：利尿，消肿，止痛。

猪肉＋芋头：健脾止泻，滋补保健。

猪肉＋竹笋：清热化痰，益气止渴。

猪肉＋白菜：滋阴，补血润燥。

猪肉＋海带：祛湿，止痒。

猪肉＋香菇：均衡营养，健身强体

☒ **不适宜搭配**

猪肉＋杏仁：易引起腹痛。

猪肉＋羊肝：易致气滞胸闷。

猪肉＋田螺：同食会损伤肠胃。

猪肉预处理

用清水洗净。

剔去猪肉上的筋膜。

斜刀切片。

猪蹄

富含蛋白质、脂肪、碳水化合物、维生素A、B族维生素、维生素C及钙、磷、铁等营养成分，具有滋补、通乳、美容养颜等功效。

搭配宜忌

✅ 适宜搭配

猪蹄+花生：猪蹄富含胶原蛋白，与富含蛋白质和油脂的花生同煮汤，能通乳。

猪蹄+西芹：补充胶原蛋白，补中益气，宁心安神。

猪蹄+章鱼：益气养血，润泽肌肤。

猪蹄预处理

夹紧猪蹄，在火上翻转烤去猪毛。

猪蹄入开水锅中余煮30秒。

捞出，放入冷水中过凉。

用干净的纱布擦干猪蹄表面的水，猪毛和毛垢随之脱落。

将残留的毛用镊子拔掉。

处理好的猪蹄。

猪心

含有蛋白质、脂肪、钙、磷、铁、维生素 B_1、维生素 B_2、维生素 C 及烟酸等营养成分，具有补心之功效，适用于心悸、怔忡者。

搭配宜忌

✅ 适宜搭配

猪心+桂圆、灵芝：补心养血。

猪心+黄花菜、苹果：除烦，养心，助眠。

猪心+人参、当归：辅助治疗多汗不眠。

❌ 不适宜搭配

猪心+花生：猪心富含锌、铁等矿物质，而花生中含植酸，二者同食会影响锌的吸收。

猪心预处理

新鲜猪心。

将猪心在少量面粉中滚一下。

静置1小时后切成两半。

用清水冲洗干净。

放入开水锅中稍余烫即可。

猪腰

含有蛋白质、脂肪、碳水化合物、钙、磷、铁和多种维生素等营养成分，有健肾补腰、理肾气、通利膀胱之功效。

搭配宜忌

✅ **适宜搭配**

猪腰＋核桃：核桃补肾、健脑、益智，猪腰补肾壮腰，二者同食补肾，健脑。

猪腰＋竹笋：滋补肾脏，利水。

猪腰＋木耳：木耳益气润肺，猪腰补肾利尿，同食可改善肾虚、治腰酸背痛。

猪腰预处理

猪腰洗净，去除筋膜。

将猪腰纵向一切两半。

横刀片去白色腰臊，洗净。

猪腰切花刀

在猪腰面上斜切一字刀。

垂直于切好的刀口再切花刀。

将切好花刀的猪腰切件即可。

猪肚

含蛋白质、脂肪、碳水化合物、多种维生素及钙、磷、铁等营养成分，具有补虚损、健脾胃的功效，适用于虚劳羸弱、下痢、消渴、小便频数、小儿疳积等。

搭配宜忌

✅ **适宜搭配**

猪肚＋豆芽：增强免疫力，抗癌。

猪肚＋莲子：补气养血。

❌ **不适宜搭配**

猪肚＋啤酒：猪肚、啤酒均富含嘌呤，且啤酒含酒精，同食使尿酸大量增加，易引发痛风。

猪肚预处理

猪肚洗净后放入大的容器中。

撒入食盐，倒入醋，反复搓洗。（一定要搓匀，把黏液搓干净）

洗净后再用盐重复搓洗一遍。

彻底洗净后将猪肚翻转过来。

去除内壁附着的猪油和脏污即可。

猪肝

含蛋白质、脂肪、铁、多种维生素等，具有补肝、养血、明目的功效，对贫血、血虚体衰、视力不佳、夜盲、目赤、水肿、脚气等症均有较好的辅助疗效，还有一定的抗癌解毒作用。

搭配宜忌

☑ 适宜搭配

猪肝 + 葱：促进营养素吸收。

猪肝 + 蒜：促进营养素吸收。

猪肝 + 洋葱：补虚损。

猪肝 + 韭菜：促进营养素吸收。

猪肝 + 菠菜：同食能补血。

猪肝 + 白菜：白菜清热祛火，猪肝养肝补血，二者同食可补血养颜、清肺养胃。

☒ 不适宜搭配

猪肝 + 辣椒：猪肝中的铜、铁极易使辣椒中的维生素C氧化，降低营养价值。

猪肝 + 红酒：同食影响人体对铁的吸收。

猪肝 + 山楂：同食破坏维生素C和矿物质。

猪肝 + 番茄：猪肝中的铜、铁易使番茄中的维生素C氧化，破坏原有功效。

猪肝 + 鲫鱼：易致生痈疽。

猪肝 + 鲤鱼：影响消化。

猪肝 + 荞麦：影响消化。

猪肝预处理

猪肝用清水冲洗一下。

放入盆中浸泡1～2小时。

用手抓洗去浮沫杂质。

再次冲洗干净。

猪肠

猪大肠有润肠治燥、去下焦风热、止小便频数、调血痢脏毒的作用。古代医家常用于痔疮、大便出血或血痢。

猪肠预处理

将猪肠翻过来，择去所有杂物，仔细清洗。

将洗好的猪肠放入大的容器中，放入玉米面反复搓洗。

再把猪肠放入清水中，反复清洗干净。

洗净后的大肠应颜色洁白、无杂质。

猪肺

含有蛋白质、脂肪、维生素 A、维生素 B_1、维生素 B_2、维生素 E、烟酸、钾、镁、铁、锌、磷、硒等营养成分，具有补肺虚、润燥、止咳嗽之功效，适用于肺虚久咳、气短等。

搭配宜忌

☑ 适宜搭配

猪肺 + 梨：益气清肺，止咳祛痰。

猪肺 + 白果、罗汉果：清热化痰，润肺止咳。

猪肺 + 杏仁、川贝母：清肺化痰，养肺益气。

猪肺预处理

猪肺喉管套到水龙头上灌水。

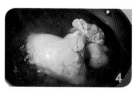

将猪肺放入锅中，加水烧开。

灌满水后摇几下，将水倒出。

如此反复几次至肺叶变白。

浸出肺管中的残留物质后捞出即可。

猪皮

猪皮富含胶原蛋白，具有活血止血、补益精血、滋润肌肤、光泽头发、减少皱纹、延缓衰老、滋阴补虚、养血益气之功效。

猪皮预处理

把猪皮放在火上烤一下。

用刀刮掉猪皮上的油污和杂物。

用镊子拔下残留的猪毛。

用清水洗净即可。

牛肉

富含蛋白质及多种氨基酸、脂肪、钙、铁、多种维生素，营养价值较高，有补脾胃、益气血、强筋骨的功效。黄牛肉、牦牛肉性温，用于补气，与绵黄芪同功；水牛肉性寒，能安胎补血。

搭配宜忌

☑ 适宜搭配

牛肉＋白萝卜：二者搭配，可提供丰富的蛋白质、维生素C，能利五脏、益气血。

牛肉＋芹菜：健脾，利尿，降压。

牛肉＋洋葱、葱：功效互补，促进营养素吸收。

牛肉＋芋头：补中益气，通便。

牛肉＋鸡蛋：滋补身体，抗衰老。

牛肉＋仙人掌：辅助治疗溃疡，补脾胃，益气血。

✘ 不适宜搭配

牛肉＋韭菜：发热助火，易引发口疮等症。

牛肉＋橄榄：引起身体不适。

牛肉＋栗子：降低营养价值，甚至引起呕吐。

牛肉＋白酒：易引起上火症状。

牛肉＋红糖：引起腹胀。

牛肉改刀

新鲜牛肉洗净。

横刀切片。

羊肉

富含优质蛋白质、脂肪、维生素A、B族维生素、磷、铁等营养成分，具有益肾气、开胃健力、通乳、助元阳、生精血等功效，暖身助阳效果明显。

搭配宜忌

☑ 适宜搭配

羊肉＋生姜：生姜可散寒，羊肉可助元阳，同食温阳散寒。

羊肉＋香菜：固肾壮阳，开胃健力。

羊肉＋杏仁：温补肺气，止咳。

✘ 不适宜搭配

羊肉＋南瓜：易导致黄疸和脚气病。

羊肉＋西瓜：同食会伤元气。

羊肉＋梨：阻碍消化，致腹胀肚痛、内热不散。

羊肉改刀

新鲜羊肉洗净。

剔除羊肉的筋膜。

横刀切片。

鸡肉

含蛋白质、脂肪、碳水化合物、多种维生素和矿物质，具有温中益气、补精填髓的功效，对虚劳赢瘦、中虚食少、产后缺乳、病后虚弱、营养不良性水肿等有一定食疗作用。

搭配宜忌

✅ 适宜搭配

鸡肉 + 栗子：健脾补血。

鸡肉 + 枸杞：补五脏，益气血。

鸡肉 + 竹笋：营养更全面、均衡。

鸡肉 + 木耳：益气养胃，补精填髓。

鸡肉 + 金针菇：补精填髓，保肝健脾。

鸡肉 + 油菜：营养更全面、均衡。

鸡肉 + 红豆：补血养颜，祛湿解毒。

鸡肉 + 人参：补精填髓，活血调经。

鸡肉 + 冬瓜：补中益气，消肿轻身。

鸡肉 + 洋葱：活血，降脂。

鸡肉 + 菜花：利五脏，益气壮骨。

鸡肉 + 辣椒：开胃，增加营养。

鸡肉 + 丝瓜：清热利肠。

❌ 不适宜搭配

鸡肉 + 糯米：引起身体不适、胃胀、消化不良。

鸡肉 + 芥末：生热助火。

鸡肉 + 李子：引起痢疾。

鸡肉 + 狗肾：会引发痢疾。

鸡肉 + 兔肉：引起腹泻。

鸡腿去骨

用刀在鸡腿侧面剖一刀，露出鸡腿骨。

剥离鸡腿肉，用刀背在腿骨靠近末端处拍一下，敲断腿骨。

将腿骨周围的肉剥离开，将腿骨取出。

将整只鸡腿肉平摊开，去掉筋膜，肉厚的地方划花刀，再用刀背将肉敲松即可。

鸡翅预处理

鸡翅冲洗干净，擦干，放在火上稍微烤一下。

用手搓一搓，鸡翅上大部分的毛就去掉了。

用镊子将剩余的毛拔掉。

再用清水冲洗干净即可。

鸡肉改刀 ▶

新鲜鸡肉洗净。　　　　　　顺着鸡肉纹理切片。

鸡脖预处理 ▶

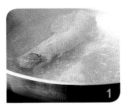  

鸡脖放入开水锅煮2分钟，使鸡皮定型。　　剔除鸡脖上的淋巴块，洗净。　　处理好的鸡脖。

鸡爪预处理 ▶

鸡爪用清水冲洗干净。

用小刀将鸡爪掌心的小块黄色茧疤去掉。　　将鸡爪上残留的黄色外皮褪去。

用剪刀将趾甲剪去。

处理好的样子。

鸡胗预处理 ▶

撕去鸡胗表面的油污和筋膜。

将鸡胗剖开，洗去内部的消化物和杂质，撕去鸡胗内的一层黄色筋膜。（此筋膜名鸡内金，是一味中药，有帮助消化的功效）　　将处理好的鸡胗洗净。

处理好的鸡胗。

鸡胗用料酒加花椒浸泡2小时，以去除腥味。

鸭肉

含有蛋白质、脂肪、碳水化合物、多种维生素和矿物质，具有滋阴养胃、利水消肿的作用，对血虚头痛、阴虚失眠、肺热咳嗽、肾炎水肿、小便不利、骨蒸劳热等患者有益。

搭配宜忌

✓ 适宜搭配

鸭肉＋山药：健脾，养胃，固肾。

鸭肉＋豆豉：清热除烦。

鸭肉＋酸菜：滋阴养胃，利膈。

✗ 不适宜搭配

鸭肉＋蒜：功能相克，食则滞气。

鸭肉＋甲鱼：二者同为寒性食物，搭配食用可能造成阴盛阳虚、水肿腹泻。

鸭子去臊豆

鸭子去内脏，洗净，去除鸭尾部两端的臊豆，可去鸭肉腥臊味。

干贝

干贝富含蛋白质，还含有脂肪和多种维生素、矿物质等，具有滋阴、补肾、调中、下气、利五脏、降血压、降胆固醇等功效，可辅助治疗头晕目眩、咽干口渴、脾胃虚弱等证。

干贝预处理（方法一）

将洗净的干贝放在冷水锅中，加入葱、姜、料酒。

用大火烧开。

改用小火焖 30 分钟即可。

用来泡煮干贝的汤水极鲜，可用于炒菜、做汤时提鲜。

干贝预处理（方法二）

干贝用冷水洗净，除去外层的老筋，放入容器中。

加入葱、姜、料酒、清水，上蒸笼隔水蒸约 1 小时后取出。

用手指将干贝捻成丝即可。

海蜇

富含蛋白质、脂肪、碳水化合物、钙、磷等营养成分，具有清热平肝、化痰消积、润肠之功效，适用于肺热咳嗽、痰热哮喘、食积痞胀、大便燥结等。

搭配宜忌

✅ 适宜搭配

海蜇+荸荠：海蜇清热滋阴，软坚化痰，荸荠清热生津，凉血解毒，二者同食可清热生津，滋阴养胃。

海蜇+芝麻：海蜇富含矿物质，芝麻富含蛋白质、植物油脂，同食可润肠通便。

袋装海蜇丝预处理

袋装海蜇丝控去水分，冲洗干净。

用清水浸泡4小时以上，其间每隔1小时换一次水，最后清洗干净即可。

盐渍海蜇的泡发

将海蜇用冷水洗净，除去泥沙（海蜇头处要多洗几遍）。

用冷水泡2~3天，脱去苦咸味。

泡发好的海蜇切成丝（或块）。

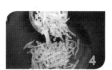

切好的海蜇用70℃的热水汆一下，立即捞出。

放冷水中冷却，可保持脆嫩口感。

海米

海米中蛋白质含量高达47.6%，不含脂肪、碳水化合物等，味甘、咸，性温，具有补肾壮阳、理气开胃之功效。

海米预处理

海米用温水洗净。

放入沸水中浸泡3~4小时至回软。

泡好的海米去杂质洗净。浸泡海米的水过滤后可用于炒菜或做汤时提鲜。

鲤鱼

富含蛋白质、脂肪、多种维生素和矿物质，对慢性肾炎、水肿、缺乳、全身虚弱、月经不调或血崩、不思饮食、咳嗽气喘、步行艰难等均有良好的食疗功效。

搭配宜忌

☑ 适宜搭配

鲤鱼+豆腐：提高营养素的吸收率。

鲤鱼+白菜：同食可利水消肿。

鲤鱼+花生、香菇：营养成分互补。

鲤鱼+红枣：滋补暖胃，强心补血。

☒ 不适宜搭配

鲤鱼+酱油：同食易使人上火，引发口疮。

鲤鱼+鸡蛋：性味相克，会生异味。

鲤鱼+猪肝：同食易致生痈疽。

鲤鱼预处理

（草鱼、鲫鱼、鲈鱼等预处理方法相同）

鲤鱼放在案板上，用刀从鱼尾向鱼头方向刮去鱼鳞，冲洗干净。

用刀切去鱼鳍。

用手挖去鱼鳃。（也可以用剪刀剪去）

将筷子伸入鱼腹中，转动筷子将鱼内脏卷出。

用清水将鱼身内外的黏液和血污洗净即可。

黄鱼

含有蛋白质、脂肪、多种维生素和矿物质等，营养价值很高，有益肾补虚、健脾开胃、安神止痢、益气填精功效，对贫血、失眠、头晕、食欲缺乏及妇女产后体虚有良好的食疗效果。

搭配宜忌

☑ 适宜搭配

黄花鱼+乌梅：提高机体免疫力。

黄花鱼+竹笋、雪菜：生肌美肤，健身滋养。

☒ 不适宜搭配

黄花鱼+洋葱：影响蛋白质吸收，容易形成结石。

黄花鱼+荞麦：易致消化不良。

黄鱼预处理

按住鱼头，从鱼尾向鱼头方向刮去鱼鳞。

从鱼头盖一侧切开一点皮，把鱼的头盖皮全部揭下。（可去腥味）

用剪刀将鱼鳃剪去。

把筷子从鱼嘴插入，用力卷出内脏，把鱼身内外冲洗干净即可。

带鱼

含蛋白质、多种维生素和矿物质，脂肪中含多种不饱和脂肪酸，具有补虚暖胃、补中益气、润泽肌肤、美容养颜等功效，对病后体虚、肝炎、外伤出血、乳汁不足等有一定的食疗作用。

搭配宜忌

✔ 适宜搭配

带鱼+木瓜、豆腐：补虚，通乳。

带鱼+牛奶：健脑益智，滋补强身。

带鱼+苦瓜：保肝，降脂。

✘ 不适宜搭配

带鱼+石榴：石榴中的鞣酸与带鱼中的蛋白质结合形成不易消化的物质，易致腹痛、恶心、呕吐等。

带鱼预处理

轻刮带鱼身上的鱼鳞，不要刮破鱼皮。如果是新鲜带鱼，可不必去鳞。

用剪刀沿着鱼背剪去背鳍。

切去鱼的尖嘴和细尾，再用剪刀沿着鱼的口部至脐部剖开，剔去内脏和鱼鳃，最后用清水把鱼身冲洗干净即可。

鲢鱼

富含蛋白质、脂肪、碳水化合物、钙、磷、铁、B族维生素等，有补脾益气、温中暖胃、润泽皮肤之功效，对脾胃虚寒、体虚头昏、食少乏力等有一定疗效。

搭配宜忌

✔ 适宜搭配

鲢鱼+豆腐：补脑，解毒，美容。

鲢鱼+萝卜：健脾补中，通乳。

✘ 不适宜搭配

鲢鱼+番茄：鲢鱼中的铜极易使番茄中的维生素C等物质氧化而降低营养价值。

花鲢鱼头预处理

把鱼头部分的鱼鳞刮去。

用剪刀剪去鱼鳃。

将鳃裙去除干净。

将鱼头头骨朝下置于案板上。

从下颚起用刀将鱼头一劈两半，但不要劈断（如锅较小，放不开整个鱼头，可将其切断，便于烹饪），最后将鱼头洗净即可。

鲇鱼

富含蛋白质、脂肪、多种维生素和矿物质等营养成分，具有补中益气、滋阴、开胃、催乳、利小便等功效，适用于水肿、产妇乳汁不足等。

搭配宜忌

✅ **适宜搭配**

鲇鱼＋酸菜：酸菜滋味酸爽，搭配鲇鱼烹制可增食欲，助消化，滋阴。

鲇鱼＋茄子：富含维生素E、维生素P及蛋白质，营养更全面。

❌ **不适宜搭配**

鲇鱼＋牛肝：二者中的某些营养素发生不良生化反应，引起身体不适。

鲇鱼预处理（鳝鱼预处理方法相似）

用刀背拍鲇鱼头部，将其拍晕。

用手将鱼嘴掰开。

将筷子从鱼嘴伸进去，边转动边向外拉，即可将其内脏拉出。最后用淡盐水洗净鱼身表面的黏液、血污即可。

鳗鱼

富含蛋白质、脂肪、多种维生素和矿物质，具有健脾、补肺、益肾、固冲等功效，是五脏虚损、消化不良、小儿疳积、小儿蛔虫、痔疮、脱肛等的食疗佳品。

搭配宜忌

✅ **适宜搭配**

鳗鱼＋荸荠：养肝明目，清热解毒。

鳗鱼＋山药：补中益气，温肾止泻。

鳗鱼＋黄酒：对虚劳体弱、肺虚者有很好的补益作用。

鳗鱼预处理

用刀背拍晕鳗鱼后用毛巾包住鱼身，一手按住，用刀剁下鱼头。（不要完全剁开）

将筷子伸进鳗鱼的腹腔中，转动筷子，将内脏卷出。

用刀将鳗鱼身上的鱼鳞刮去，冲洗净即可。

鱿鱼

富含蛋白质、脂肪、维生素 A、维生素 B_1、维生素 B_2、牛磺酸、钙、磷等营养成分，具有滋阴养胃、补虚润肤之功效。

搭配宜忌

✅ 适宜搭配

鱿鱼+木耳：二者搭配，可提供丰富的蛋白质、铁、胶原质，可润肤养颜。

鱿鱼+黄瓜：营养更全面，更均衡。

❌ 不适宜搭配

鱿鱼+番茄酱：鱿鱼中的钠含量极高，若搭配同样的富含钠的番茄酱会加重肾脏负担。

鲜鱿鱼预处理

1 鱿鱼冲洗干净后挤去眼睛。

2 同样挤去牙齿。

3 挤去鱿鱼须上的白色吸盘，剖腹，去内脏和软骨。

4 撕掉鱿鱼背部的黑膜。

墨鱼

富含蛋白质、糖类、多种维生素、钙、磷、铁等营养成分，具有养肝益气、养血滋阴、补肾、健胃理气之功效。

搭配宜忌

✅ 适宜搭配

墨鱼+猪蹄：益气养血。

墨鱼+核桃仁：可用于辅助治疗女子闭经。

墨鱼预处理

1 从市场买回来的墨鱼，通常已经去掉外皮、内脏，可直接用水冲洗干净。

2 将墨鱼褶皱裙边撕开，剥除皮膜。

4 用手剥除头足部位中心最硬的部位。

3 去除头足部位的脏污。

5 切下头足部位，将眼睛、口等用剪刀剪掉即可。

螃蟹

含蛋白质、脂肪、碳水化合物、钙、磷、维生素 A、维生素 B_1、维生素 B_2、烟酸等。蟹肉性寒，具有益阴补髓、清热散瘀、续筋接骨等功效，可用于瘀血肿痛、跌打损伤等的食疗。

搭配宜忌

☑ **适宜搭配**

螃蟹 + 冬瓜：养精益气。

螃蟹 + 蒜：养精益气，解毒。

螃蟹 + 白酒：补肾壮阳，开胃化痰。

螃蟹 + 枸杞：补肾壮阳。

螃蟹 + 辣椒：增强人体免疫力，开胃消食。

☒ **不适宜搭配**

螃蟹 + 橘子：易致气滞腹胀。

螃蟹 + 香瓜：损肠胃，致腹泻。

螃蟹 + 生冷寒凉食物：伤人肠胃。

螃蟹 + 茄子、花生：易致腹痛、腹泻。

螃蟹 + 红枣：易致寒热病。

螃蟹 + 鸡蛋：易引起便秘。

螃蟹 + 芹菜：影响蛋白质吸收。

螃蟹预处理

将螃蟹在清水中浸泡10分钟，用细毛刷将蟹身刷洗干净。

揭去蟹壳。

除去蟹肺等杂物。

掰下蟹脚和蟹钳。（从没有钳子的一端向有钳子的一端掰）

再用水冲洗干净即可。

海虾

含蛋白质、脂肪、碳水化合物、维生素A、维生素B_1、维生素B_2、维生素E、烟酸以及钙、磷、铁、硒等营养成分，具有壮阳补肾、通乳、祛毒等功效，宜作为肾虚腰酸、倦怠失眠、疮痈肿毒、产妇缺乳等的食疗佳品。

搭配宜忌

☑️ 适宜搭配

海虾+香菜：益气抚痘。

海虾+韭菜花：补益肝肾。

海虾+白菜：益气润燥。

海虾+油菜：补益肝肾，清热消肿。

海虾+葱：益气下乳。

海虾+豆腐：益气生津，消肿。

海虾+芥蓝：营养素互补，提高营养价值。

❌ 不适宜搭配

海虾+黄豆：会引起消化不良。

海虾+南瓜：会引起痢疾。

虾预处理

用剪刀剪去虾须。

剪去虾足。

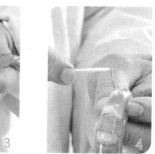

将牙签从虾背第二节上的壳间穿过。

挑出黑色的虾线，洗净虾即可。

取虾仁

仿照"虾预处理"中第3、4步的方法去除虾线，用剪刀剖开虾腹。

择去虾头。

剥去虾壳。

反复漂洗去除黏液即可。

蛤蜊

含蛋白质、脂肪、碳水化合物、维生素 B_1、维生素 B_2、烟酸、钙、磷、铁等，具有滋阴、利尿、化痰、软坚散结之功效，适用于瘿瘤、痔疮、水肿、痰积等。

搭配宜忌

✅ **适宜搭配**

蛤蜊 + 豆腐：补气养血，滋养皮肤。

蛤蜊 + 韭菜：对肺结核、潮热、阴虚盗汗有辅助治疗作用。

❌ **不适宜搭配**

蛤蜊 + 柑橘：蛤蜊中含有丰富的钙质，与柑橘中含有的酸类物质结合易形成不溶的钙盐，引起消化不良。

蛤蜊 + 田螺：二者都属于偏寒性的食物，同食易造成对胃肠的刺激，导致腹胀、腹痛及腹泻。

鲜蛤蜊预处理

蛤蜊用水冲洗一下，放入盆中。

盆中加入清水，放少许食盐、香油。

泡 3～4 小时蛤蜊充分吐出泥沙，再次洗净即可。

蛤蜊干预处理

蛤蜊干用清水冲洗干净。

放碗中，倒入温水使没过蛤蜊干，浸泡 24 小时至回软。

泡好的蛤蜊干再次洗净即可。

海带

富含粗蛋白和多种维生素、矿物质等，具有降血压、降低胆固醇、防止动脉硬化、预防心脑血管疾病、增强免疫力、预防肿瘤等作用。

搭配宜忌

✅ **适宜搭配**

海带 + 冬瓜：益气，利尿，降脂。

海带 + 排骨：祛湿止痒。

海带 + 豆腐、虾：补钙补碘，促进营养吸收。

❌ **不适宜搭配**

海带 + 柿子：柿子中的鞣酸与海带中的钙生成不溶物，难以吸收，导致肠胃不适。

干海带预处理

干海带放入高压锅内，加少许水，放火上压 3 分钟。

捞出海带放入冷水中，浸泡 3 小时以上，中途要换 2 次水。

浸泡后再洗净表面的杂质即可。

第二章

念念不忘的
经典凉拌

甜柚蔬
菜沙拉

难易度 ★ ☆ ☆ ☆

 5 分钟

▼ 主料

甜柚	半个
紫甘蓝	50 克
黄瓜	25 克
彩椒	15 克

▼ 调料

沙拉酱	适量

▼ 做法

① 紫甘蓝洗净，切成片状或丝状，盛盘。

② 黄瓜切丝或片，彩椒切三角丁，倒入盘中与紫甘蓝拌匀。

③ 甜柚剥皮，用手掰成块状，放于盘中。

④ 倒入沙拉酱，可根据自己口味决定沙拉酱的用量。

★ 制作关键 》 主料中的果蔬可自由选择。沙拉酱可先加点水，更容易拌匀，不需要再加盐或其他调料。

开胃炝拌双丝

难易度 ★ ☆ ☆ ☆

10 分钟

扫码看视频

▼ 主料

西瓜皮	2 大块
胡萝卜	1/2 根

▼ 配料

尖椒	1 个
蒜	3 瓣
白芝麻	1 大匙
小红辣椒	2 个
花椒	10 粒

▼ 调料

盐	1 小匙
色拉油	1/2 小匙

准备 ▶ 1. 西瓜皮削去绿色的外皮和红色的瓜瓤，仅留中间的青色部分，切成细丝。

2. 胡萝卜去皮，切细丝。尖椒、蒜瓣切碎，小红辣椒切碎。

▼ 做法

❶ 锅中烧水，水热后放入瓜皮丝和胡萝卜丝，焯烫片刻。

❷ 约 1 分钟后捞出，浸入冷水。

❸ 待降温后，将瓜皮丝和胡萝卜丝捞出，沥干水分，放入碗中，加入尖椒碎和蒜末。

❹ 加入少许细盐。

❺ 另起锅烧热，放油，油热后放小红辣椒碎和花椒，炸出香味后将辣椒和花椒捞出，将油趁热倒入菜中，搅拌均匀。

❻ 加入少许白芝麻，拌匀即可。

 制作关键 ≫ 1. 将瓜皮里外都削干净，仅留青色部分即可。

2. 瓜皮丝和胡萝卜丝焯烫后立即浸入冷水，保持爽脆口感。

鲜果沙拉菠菜

难易度 ★ ☆ ☆ ☆

 10分钟

▼ 主料

菠菜	300 克
圣女果	150 克
胡萝卜丝	20 克
熟芝麻	30 克

▼ 调料

沙拉酱	适量

▼ 做法

1 菠菜洗净，切段，放入沸水锅中焯水。

2 将焯好的菠菜过凉，攥干，放入容器中，备用。胡萝卜丝焯水。

3 圣女果洗净，一切六瓣。

4 菠菜放入盘内定型。

5 菠菜外圈摆上圣女果。

6 把沙拉酱挤在上面，熟芝麻均匀撒在沙拉酱上即可。

推荐理由

此菜口感柔软香甜，风味独特，是女性补血护肤的食疗佳品。

 菠菜焯水时间不要过长，下沸水锅烫至变软后立即捞出。如果焯水时间过长口感会变软，就不好吃了。

042

葱姜
炝菜心

难易度 ★ ☆ ☆ ☆

10 分钟

▼ 主料

嫩油菜心　　　　　400 克

▼ 调料

花生油、盐、葱丝、姜末、花
椒各适量

▼ 做法 ......

① 油菜心洗净，切成 3 厘米长的段。

② 油菜段放入开水锅中烫熟，捞出沥干
水。油菜先放入碗中，拌入盐，取出装盘，
撒上葱丝、姜末备用。

③ 锅内注入花生油烧热，下入花椒炸出香
味，捞去花椒，留下花椒油备用。

④ 将花椒油倒在油菜心上，拌匀即成。

油菜富含膳食纤维，能与胆酸盐和食物中的
胆固醇及甘油三酯结合，促使其从粪便中排
出，从而减少脂类的吸收。

 》制作花椒油时要注意控制好火候，不能将花椒炸糊。

糖醋
辣白菜

难易度 ★ ☆ ☆ ☆

 10 分钟

▼ 主料

大白菜	250 克

▼ 调料

盐	2 小匙
香油、色拉油	各 1/2 大匙
白糖、醋	各 3 大匙
花椒粒	7 克
红辣椒	1 个
嫩姜	1 小块

▼ 做法

① 白菜取菜帮洗净，切细丝，菜叶切宽条。

② 菜帮、菜叶同放大盆中，撒上盐拌匀，腌 30 分钟。

③ 红辣椒去籽，切丝。嫩姜切细丝。白菜腌至变软时取出，用流水冲一下，挤干水分，放入盛器中。

④ 锅中放入香油和色拉油烧热，放入花椒粒小火爆香，捞出弃去花椒粒。

⑤ 锅中加入红辣椒丝和姜丝，翻炒。

⑥ 加入白糖和醋，一滚立即关火，做成料汁。

⑦ 在白菜中倒入用姜丝和红辣椒丝调好的料汁，放凉后食用即可。

酸辣白菜

难易度 ★ ☆ ☆ ☆

 10 分钟

▼ 主料

白菜	1000 克
苹果、鲜梨	各 60 克

▼ 调料

盐	1 小匙
牛肉汤	15 克
辣椒酱、白糖、生抽各 1/2 小匙	

▼ 做法

1 白菜去根，切成抹刀片。

2 白菜片加盐稍腌，再用干净纱布挤干水，放入盆中。

3 起油锅烧热，放入辣椒酱炒熟，放凉。

4 苹果、鲜梨洗净，去皮、核，切片。

5 上述处理好的原料放入白菜中拌匀。

6 牛肉汤中放入生抽、白糖调匀，倒入白菜中。

7 盆上用保鲜膜封住口，放在阴凉处，腌渍 2 天后即可食用。

炝拌生菜

难易度 ★ ☆ ☆ ☆

 10分钟

▼ 主料

生菜	2棵
独蒜	1个
红干椒	4个

▼ 调料

植物油	2大匙
酱油、白醋	各1大匙
生抽、白糖	各1小匙
盐	适量

▼ 做法 ⋯⋯⋯⋯⋯⋯⋯⋯⋯⋯⋯⋯⋯⋯⋯⋯⋯⋯⋯⋯⋯

❶ 将蒜切碎，制成蒜蓉。红干椒切段，备用。

❷ 蒜蓉放入碗中，加酱油、生抽、白醋、白糖、盐调成味汁。

❸ 炒锅加油烧热，放入红干椒炒香，将辣椒油倒入味汁碗中。

❹ 生菜洗净，撕成小块，沥干水，放入盛器中，淋入味汁拌匀，装盘即可。

★ 保健功效 》

生菜

减肥：生菜中膳食纤维和维生素C含量比白菜多,有消除多余脂肪的作用。

降低胆固醇、安神：生菜茎叶中含有莴苣素，味微苦，具有镇痛催眠、降低胆固醇、辅助治疗神经衰弱等功效。

增强免疫力：生菜中含有一种"干扰素诱生剂"，可刺激人体正常细胞产生干扰素，从而增加防病抗病的能力。

金蒜
紫甘蓝

难易度 ★ ☆ ☆ ☆

🕐 **8 分钟**

▼ 主料

紫甘蓝	半个

▼ 调料

蒜米	10 克
猪油（或菜籽油）	20 克
干红辣椒	少许
盐	适量

▼ 做法 ....

① 紫甘蓝顺纹理切成细丝，用清水泡开后拨散。

② 锅烧热后，加入猪油化开，待用。

③ 蒜米放锅中炸至金黄后入干红辣椒，关火。

④ 炸好的金蒜辣椒油炝入紫甘蓝丝中调味即可。

 一刀切开后其紫白相间的纹理紧密排合，无论横切还是竖切抑或斜切都不会破坏它的美。每次切好后不是一下将其放入锅中，而是会仔细端详一番它的美。这就是大自然赐予我们的美丽食材——紫甘蓝。

甘蓝沙拉

难易度 ★ ☆ ☆ ☆

 20 分钟

▼ 主料

甘蓝	350 克
苹果、美乃滋	各 100 克
黄瓜、香蕉	各 75 克
芹菜	50 克

▼ 调料

盐、白胡椒粉、柠檬汁 各适量

▼ 做法 ······

① 甘蓝洗净，掰开，放凉水中泡 15 分钟，至变脆后捞出沥水。

② 甘蓝、黄瓜分别切丝。芹菜取梗洗净，切丝。香蕉去皮，切片。苹果去核，切丝。

③ 上述处理好的主料都放入盛器里，加入盐、胡椒粉。

④ 淋上柠檬汁，浇上美乃滋，拌匀即成。

凉拌芹菜叶

难易度 ★ ☆ ☆ ☆

 10分钟

▼ 主料

芹菜叶	50 克
鸡蛋	1 个

▼ 调料

姜末、蒜末、辣椒油、生抽、醋、
香油各适量

▼ 做法

❶ 芹菜叶洗净，沥干水。

❷ 鸡蛋磕入碗中打散，入热油锅摊成蛋皮，
取出切小片。

❸ 芹菜叶入开水锅中焯水，捞出控干。

❹ 将芹菜叶和蛋皮同放容器中，加入姜末、
蒜末、辣椒油、生抽、醋、香油拌匀，盛
盘即可。

 保健功效 》

芹菜

平肝降压：芹菜含酸性的降压成分，对于原发性、妊娠性及更年期高血压均
有效。

利尿消肿：芹菜可消除体内水钠潴留，有利尿消肿的功效。

防癌抗癌：芹菜是高纤维食物，可加快粪便在肠内的运转，减少致癌物与结
肠黏膜的接触，从而达到预防结肠癌的目的。

养血补虚：芹菜富含铁质，可改善皮肤苍白、干燥、面色无华。

爽口五彩芹丝

难易度 ★ ☆ ☆ ☆

5 分钟

▼ 主料

芹菜、紫甘蓝、木耳各 100 克

▼ 调料

盐、鸡精　　　　　各适量

▼ 做法

① 将木耳放入盛器中，放入适量的温水，泡制半小时。

② 将芹菜切成丝，备用。

③ 将紫甘蓝切成丝，备用。

④ 将芹菜、紫甘蓝、木耳放入一个盛器中。

⑤ 放入盐、鸡精调味，搅拌均匀即可装盘。

★ 推荐理由

嫩绿爽脆的芹菜与多彩的食材相搭配，使成菜色彩斑斓、营养加倍。

 制作关键 》 本菜只取芹菜梗，择下的芹菜叶可洗净焯水后凉拌食用，别有一番风味。

芹菜拌香干

难易度 ★ ☆ ☆ ☆

 **10 分钟**

▼ 主料

芹菜	150 克
豆干	200 克

▼ 调料

红尖椒	5 克
盐、鸡精	各适量

▼ 做法 ·······

① 将豆干切成条，备用。

② 把红尖椒切成条，备用。

③ 将芹菜切成段，备用。

④ 锅中放入滚烫的沸水，放入芹菜焯水，捞出冲凉，控水。

⑤ 把芹菜、豆干、红尖椒条放入一个盛器中，放入盐、鸡精调味，搅拌均匀即可。

★ 推荐理由 ★

此菜清脆爽口、鲜香开胃，而且芹菜还有减肥、降压、护齿的功效。

蓑衣黄瓜

难易度 ★ ★ ☆ ☆

 15分钟

▼ 主料

黄瓜	2根

▼ 调料

葱姜蒜末	适量
醋	4大匙
酱油	1大匙
糖	2大匙
盐	1大匙
花椒	6粒
色拉油	2大匙
干红辣椒段	适量

扫码看视频

▼ 做法

 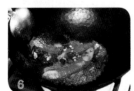

❶ 黄瓜与刀呈30度角连续斜切片，注意千万不要切断，斜切至黄瓜的2/3处即可。

❷ 待一侧切好后，将另一侧按相同办法连刀切好，即成蓑衣刀。

❸ 切好的黄瓜上撒1大匙盐进行腌制。盐一定要撒均匀。

❹ 待黄瓜中的水分全部析出，用手将其挤干。

❺ 在盛器中加入葱姜蒜末、糖、醋、酱油，充分调匀。

❻ 锅热后倒入色拉油，放入花椒和黄瓜，迅速翻炒至变色，放入干红辣椒段，烹入调制好的汁料即可铲出，晾凉即可。

川辣黄瓜

难易度 ★ ★ ☆ ☆

 🕐 **10 分钟**

▼ 主料

黄瓜	250 克
干辣椒段	3 大匙

▼ 调料

花椒	少许
白糖、醋	各 2 小匙
香油	1 大匙
盐	1/2 大匙
植物油	20 克
清汤	少许

▼ 做法

❶ 黄瓜洗净，切成条，削去瓤。干辣椒切成段，备用。

❷ 碗内放盐、白糖、醋和少许清汤，对成味汁。

❸ 炒锅加油烧热，放入花椒炸香后捞出。

❹ 再放入干辣椒段，炸至呈棕红色。

❺ 将锅离火，再放入黄瓜条翻炒均匀，加入香油后调拌均匀。

❻ 起锅装盘，晾凉后浇上调好的味汁即可。

⭐ **保健功效** »

黄瓜中含葫芦素 C，可提高人体免疫力，抗肿瘤。黄瓜中含丙醇二酸，可抑制糖类物质转变为脂肪。

五彩茄条

难易度 ★ ★ ☆ ☆

 20 分钟

▼ 主料

秋茄	2 根
猪肉馅	100 克

▼ 配料

小红辣椒	2 个
香葱	2 根
香菜	3 棵
姜	1 块
蒜	2 瓣

▼ 调料

料酒	1 小匙
豆瓣酱	2 大匙

▼ 准备

将茄子去蒂洗净、带皮切成长条段。小红辣椒、姜、蒜分别切末。葱、香菜切碎。猪肉剁成碎末。

▼ 做法

① 肉馅中调入适量料酒。

② 根据个人口味加入姜末。

③ 搅拌均匀后腌制 10 分钟。

④ 平底锅中倒入适量油，烧至七成热时放入茄子条，煸炒变软后，盛出备用。

⑤ 锅中留少许底油，放入肉馅煸炒至变色。

⑥ 根据个人口味加入适量豆瓣酱。

⑦ 与肉末混合炒匀，盛出待用。

⑧ 炒好的茄条放入盘中，再依次将葱末、香菜末、肉末、蒜末、小红辣椒碎铺上茄条即可。

农家
拌三鲜

难易度 ★ ★ ☆ ☆

 10 分钟

▼ 主料

芸豆、茄子、土豆 各 150 克

▼ 调料

蒜泥　　　　　　　20 克

盐、鸡精、生抽　　各适量

▼ 做法 ·····································

① 将芸豆去除老筋，洗净，备用。

② 将土豆去皮，洗净，切成粗条。

③ 将茄子洗净，切成茄条，备用。

④ 将茄子、芸豆、土豆放入锅中蒸熟。

⑤ 将蒜泥放入盛器中，放入盐、鸡精生抽调味调色。

⑥ 搅拌均匀。

⑦ 将蒸熟的芸豆、土豆、茄子放入盘中，淋上调好的蒜泥，即可上桌。

》 要等茄子、芸豆、土豆晾凉之后再淋蒜泥，并且要现淋、现拌、现食。

爽口果醋藕片

难易度 ★ ★ ☆ ☆

 8 分钟

▼ 主料

脆藕　　　　　　　　　　　　1 节

▼ 配料

枸杞　　　　　　　　　　　　20 粒
纯净水　　　　　　　　　　　适量

▼ 调料

苹果醋　　　　　　　　　　200 毫升

▼ 准备

脆藕削皮后切成均匀薄片，用
清水浸泡。

莲藕是夏季的绝佳选择，有清热解署、调
中开胃的功效，可以把它看做蔬菜，也可
以看做水果，生吃亦可。

美食故事

▼ 做法

❶ 锅中烧开水，放入藕片焯烫 2 分钟。

❷ 捞起后浸入冷水，冰镇待用。

❸ 容器中倒入苹果醋。

❹ 再加入适量纯净水，搅匀。

❺ 放入藕片，盖上容器，入冰箱冷藏 2
小时。

❻ 等待的过程中将枸杞洗净、泡软，吃之
前装饰即可。

 制作关键 》

1. 藕片尽量切薄，这样容易入味。

2. 切片的藕立刻浸入水中，防止氧化变色。

3. 焯烫的时间不要太久，否则就会失去爽脆的口感。

4. 果醋浸泡的时间越久越入味，冰镇之后更好吃。

蒜油藕片

难易度 ★ ★ ☆ ☆

 8 分钟

▼ **主料**

藕	300 克
黄瓜	100 克

▼ **调料**

醋、蒜末、生抽、盐、辣椒油、
花椒油、白糖、色拉油各适量

▼ **做法**

① 藕削去皮，洗净，切片。

② 黄瓜洗净，切片。

③ 锅中加水烧开，滴入少许醋，放入藕片焯熟。

④ 将藕片捞入冷水中过凉，沥干水。

⑤ 锅中放色拉油烧热，放入蒜末小火煸香成蒜油，关火备用。

⑥ 藕片、黄瓜片加醋、生抽、盐、蒜油、辣椒油、花椒油、白糖拌匀即可。

 **制作关键** ≫ 莲藕、土豆、山药等蔬菜中淀粉含量较高，若用于凉拌菜，则需用热水焯熟后再拌，既具有脆嫩口感，又有清鲜滋味。

芥末
金针菇

难易度 ★ ☆ ☆ ☆

 5 分钟

▼ 主料

金针菇、黄花菜	各 100 克
黄瓜	50 克
青红椒	20 克

▼ 调料

盐、芥末油、香油、生抽、青
芹丝、香醋各适量

▼ 做法

① 黄花菜洗净，切去根部。

② 金针菇、黄花菜放沸水锅中焯烫，捞起
过凉。

③ 黄瓜、青红椒均切成丝，备用。

④ 将青芹丝、生抽、香醋、芥末油入小碗
中搅匀，放入金针菇和黄花菜。

⑤ 调入盐，下入黄瓜丝、青红椒丝，调入
香油，拌匀装盘即成。

★ 保健功效 》

金针菇中含有一种叫朴菇素的物质，能增强
机体对癌细胞的防御能力。

★  制作关键 》 金针菇焯烫时间不要过长，以免口感变差。

麻汁豆角

难易度 ★ ★ ☆ ☆

🕐 **10 分钟**

▼ **主料**

豆角　　　　　　　250 克

▼ **调料**

蒜　　　　　　　　15 克

生抽、香醋、盐、芝麻酱、花
生酱各适量

▼ **做法**

① 把豆角择去老根，洗净。

② 蒜切成碎蓉放进碗中，加入花生酱、
芝麻酱、生抽、盐、香醋搅匀。

③ 锅内加水烧开，放入豆角焯水，至其
变色、稍软即熟。

④ 捞出烫好的豆角，切大段，排入盘中，
备用。

⑤ 把搅好的调料汁浇在排好的豆角上。

★ **推荐理由** ★

芝麻酱细滑醇香，豆角爽脆清甜，
两者一浓一淡，相得益彰。

麻汁豇豆

难易度 ★ ★ ☆ ☆

 10 分钟

▼ 主料

豇豆   200 克

▼ 调料

芝麻酱、蒜泥、酱油、盐、鸡精、
香油、油泼辣子各适量

▼ 做法

① 豇豆洗净，控干水，切成 2 ~ 3 厘米
长的小段。

② 豇豆段放入沸水锅中，加盐焯烫至熟，
捞出浸凉。

③ 芝麻酱加水（比例为 1：1）搅拌至
成糊状，加入蒜泥、酱油、鸡精、香油、
油泼辣子、盐，调匀成味汁。

④ 调好的味汁倒入豇豆段中，拌匀即可。

 保健功效 》

豇豆

助消化、增食欲：豇豆所含 B 族维生素能维持正常的消化腺分泌和胃
肠道蠕动的功能，可帮助消化，增进食欲。

抗病毒：豇豆中所含维生素 C 能促进抗体的合成，提高机体抗病毒的
功能。

降血糖：豇豆所含磷脂有促进胰岛素分泌、参加糖代谢的作用，故豇豆
是糖尿病人的理想食品。

金玉
酿苦瓜

难易度 ★ ★ ☆ ☆

 15 分钟

▼ 主料

玉米粒	100 克
熟虾仁	50 克
苦瓜	1 根
鸡蛋	1 个

▼ 调料

色拉油、盐	各适量

扫码看视频

▼ 做法

① 苦瓜从中间切开，将两边根蒂切去（根蒂要保留）。苦瓜子用筷子轻轻推出。玉米粒用刀切碎。

② 熟虾仁切成碎粒，与玉米碎粒一起倒入盛器中。

③ 混合好的馅料内加入色拉油及盐调味。

④ 调好后的馅料内加入鸡蛋，以便更好地黏合馅料。

⑤ 调好的馅料装入苦瓜中。

⑥ 蒸锅加热，水开后放入苦瓜，大火蒸制5 分钟，取出晾凉后切段摆盘即可。

 制作关键 ≫ 1. 可以将生鸡蛋更换成沙拉酱，黏合很好，还略带甜香味，使用沙拉酱还可以省去蒸的过程。

2. 蒸制苦瓜的过程中，盖子不要盖得过严，否则会使苦瓜变色。

鱼香苦瓜丝

难易度 ★ ★ ☆ ☆

 15分钟

▼ 主料

苦瓜	250 克
青椒	2 个

▼ 调料

盐、味精、白糖、酱油、醋、香油、姜末、蒜末、葱花、辣椒末、花生油各适量

▼ 做法 ....

① 苦瓜洗净，顺长切成两半，挖去瓜瓤。

② 苦瓜切成丝。

③ 苦瓜丝放入沸水锅内焯至断生。

④ 捞出苦瓜丝过凉，沥干水。

⑤ 青椒去蒂、籽洗净，切成细丝，放入沸水锅中焯至断生。捞出青椒丝，沥干水，与苦瓜丝在盛器中拌匀装盘。

⑥ 锅内加油烧热，放入姜末、葱花、蒜末、辣椒末炒香。

⑦ 倒入碗内，加盐、味精、白糖、酱油、醋、香油拌匀。

⑧ 将味汁淋在苦瓜、青椒上，拌匀即可。

木耳炝拌芦笋

难易度 ★ ★ ☆ ☆

🕐 **10 分钟**

▼ 主料

芦笋	200 克
水发木耳	100 克
红杭椒	40 克

▼ 调料

葱丝	15 克
干红辣椒丝	10 克
盐、鸡精、花生油	各适量

▼ 做法 ⋯⋯⋯⋯⋯⋯⋯⋯⋯⋯⋯⋯⋯⋯⋯⋯⋯⋯⋯⋯⋯⋯⋯⋯⋯⋯⋯

① 芦笋洗净，用打皮刀去掉老皮。

② 芦笋斜切成段。

③ 锅中加水烧开，放入芦笋段焯烫一下，捞出冲凉，备用。

④ 水发木耳洗净，撕成小朵。

⑤ 红杭椒洗净，切成斜片。

⑥ 把芦笋段、红杭椒片、木耳放入盛器中，葱丝和干辣椒丝放在最上边。

⑦ 锅中加花生油烧至八成热，淋在盛器中的葱丝和干红辣椒丝上。

⑧ 最后用盐、鸡精调味拌匀，装盘即可。

★ 制作关键 》 芦笋去皮，可使其口感更爽脆。

剁椒手撕蒜薹

难易度 ★ ★ ☆ ☆

 10 分钟

▼ 主料

蒜薹	250 克
剁辣椒	20 克

▼ 配料

花生	250 克

▼ 调料

大料、桂皮、小茴香、盐、自
制葱油各适量

美食故事

蒜薹一般用来做热菜的时候较多，制作冷菜时总会让人觉得辣气无法消退。

▼ 做法

❶ 花生用大料、桂皮、小茴香、盐煮熟后浸泡入味。

❷ 锅内加水，烧开后将蒜薹放入水中焯过。

❸ 用刀将煮好的蒜薹根端轻轻切开一小部分。

❹ 用手顺着蒜薹破裂的方向轻轻撕开，尽量不使其断开。

❺ 将撕好后的蒜薹放在盛器中码放整齐。

❻ 将剁椒、葱油、煮花生与蒜薹一起调拌均匀即可。

酸汤葫芦丝

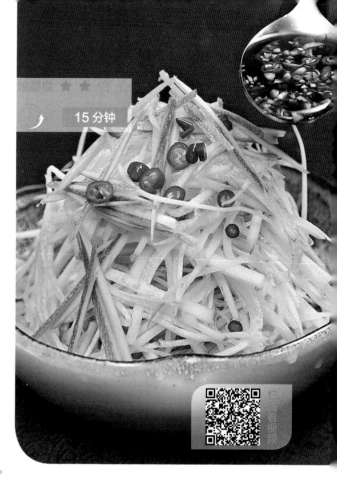

15分钟

▼ 主料

鲜西葫芦1个（250克左右）

▼ 调料

小米辣	2克
姜、蒜	各5克
糙米醋	2小匙
美极鲜酱油	1小匙
生抽	2小匙
柠檬	半个

▼ 准备

蒜、姜切成碎末，小米辣切成小圈，待用。

▼ 做法

❶ 将西葫芦表面清洗干净，不用去皮，用切刀切成薄片。

❷ 将西葫芦片改刀成细丝。

❸ 将西葫芦丝放入冰水内浸泡10分钟，使其有一些硬度，这样吃起来口感更好些。

❹ 将美极鲜酱油、生抽、糙米醋依次加入调料碗中，再将姜末、蒜末、小米辣圈浸泡起来。

❺ 将鲜柠檬汁挤入调料碗中调拌均匀即可。

❻ 泡好的西葫芦丝捞出装入盘中，浇上调好的料汁即可。

紫米山药

难易度 ★ ★ ★ ☆

 40 分钟

▼ 主料

山药	100 克
紫米	50 克
糯米	50 克

▼ 配料

白糖	50 克
炼乳	1 小匙
鲜蚕豆瓣	少许

▼ 用具

方形饼干模具	1 个

▼ 做法

❶ 紫米与糯米混合后用水浸泡大约 2 小时。

❷ 山药去皮，与紫米、糯米放入蒸锅中，蒸约 30 分钟。

❸ 蒸好的紫米饭内加入白糖后调拌均匀。

❹ 蒸熟的山药碾成山药泥。

❺ 山药泥内加入炼乳调拌均匀。

❻ 紫米饭放入模具最下面，山药泥置于紫米饭上面。

❼ 将模具周围多余部分磨平整理干净，并轻轻退下模具，装入盘中插上鲜蚕豆瓣装饰即可。

花雕醉毛豆

难易度 ★ ☆ ☆ ☆

🕐 **10分钟**

▼ 主料

青毛豆	750 克

▼ 调料

花雕酒	半瓶
冰糖	15 颗

▼ 做法 ·····················

① 毛豆洗净，剪去两端边角，以便入味。

② 花雕酒与冰糖混合。

③ 毛豆入铁锅内，小火干烤至表皮出现斑驳的点。

④ 将花雕与冰糖混合的汁料烹入锅中，大火烧至汤汁浓稠且每粒毛豆上呈现出半透明状即可。

美食故事

毛豆好像除了带皮用盐水煮，就只有糟香毛豆了。我常想还有没有其他更好的做法呢？直到有一天买回毛豆来时看见了厨房里的花雕酒，顿觉灵感来了。

爽口
花生仁

难易度 ★ ☆ ☆ ☆

 10 分钟

▼ 主料

花生仁	150 克
红椒	50 克

▼ 调料

盐、香油	各适量

▼ 做法

① 花生仁洗净，放入沸水锅中煮软，捞出放入凉水中浸凉。

② 捞出花生仁，撕去表皮。

③ 红椒去蒂、籽，洗净后切成 1 厘米见方的小块，放入沸水中焯至断生，捞出待用。

④ 将去皮花生仁和红椒放入碗内，加入盐、香油拌匀，装盘即可。

保健功效 》

花生仁

止血：花生及其红衣中的维生素 K 有止血作用。

健脑抗衰：花生含有维生素 E 和锌，能健脑抗衰。

防治高胆固醇：花生含有的维生素 C 可降低胆固醇。

提高免疫力：花生所含的硒和白藜芦醇可提高免疫力。

酸辣
土豆丝

难易度 ★ ★ ☆ ☆

15 分钟

▼ 主料

土豆   300 克

青椒、红椒   各 50 克

▼ 调料

葱花、盐、味精、醋、辣椒油、
香油各适量

▼ 做法 ·······························

① 土豆去皮，洗净，切成细丝。

② 土豆丝用清水淘洗几遍。

③ 青椒、红椒均去蒂、籽，洗净后切成
细丝。

④ 锅中加清水烧沸，分别放入土豆丝、青
椒丝、红椒丝焯烫至断生。

⑤ 将土豆丝、青椒丝、红椒丝混合在一起
拌匀。

⑥ 将盐、味精、醋、辣椒油、香油、葱花
调匀，浇在拌好的原料上即成。

 》 许多人认为凉拌菜是夏季的时令菜肴，其实，天气寒冷时很多人会吃较多
较油腻和温补的食物，这样就可能会导致"上火"，这时应当食用凉拌菜。

日式土豆沙拉

难易度 ★ ★ ★ ☆

 15 分钟

▼ 主料

土豆	350 克
三明治火腿	120 克
黄瓜	60 克
胡萝卜	50 克
鸡蛋	2 个

▼ 调料

沙拉酱	5 大匙
青芥辣	约 5 厘米长
盐	1/4 小匙

▼ 做法

① 胡萝卜、黄瓜均洗净去皮，切小薄片。火腿切丁。土豆去皮，洗净，切块，放入微波容器内，加盖，高火加热 5 分钟，取出放凉。

② 将蒸好的土豆块放入保鲜袋内，用擀面杖擀成泥。

③ 锅中加水烧开，入胡萝卜片焯熟，捞出沥干。

④ 鸡蛋凉水下锅，煮熟，捞出，去壳，切成细末。

⑤ 将处理好的所有主料放入碗内，加入沙拉酱、青芥辣、盐。

⑥ 搅拌均匀，加盖，放入冰箱冷藏 2 小时后食用，味道更佳。

 制作关键 》 若没有微波炉，也可以将土豆上蒸锅蒸熟，效果差不多。制熟的土豆放入保鲜袋中，再用擀面杖擀成泥，既可以使土豆泥细腻，又不会弄得到处都是。

蜜糖紫薯百合

难易度 ★ ★ ☆ ☆

20 分钟

▼ 主料

紫薯	2 个
鲜百合	1 袋

▼ 调料

桂花蜜	4 小匙
干桂花	10 克
冰糖	适量

扫码看视频

▼ 做法

❶ 紫薯去皮，切成宽条后放入冷水中煮开，大约 10 分钟后用筷子轻触至可变软即可。

❷ 煮好的紫薯迅速放入冷水中冷却，不要使其变软。

❸ 鲜百合放入开水中焯烫 1 分钟，使其颜色变雪白即可捞出。

❹ 桂花蜜加入干桂花及冰糖熬煮至糖汁黏稠。

❺ 将紫薯条层叠摆放成井字形，放入百合，浇入桂花糖浆即可。

美食故事 自然赐予了各种食物艳丽的色彩，使我们在果腹之余还可以尽情去欣赏。我常觉得欣赏一样美丽的食物，同样是制作过程中不可或缺的一部分，我喜欢把色彩艳丽的食材进行巧妙的搭配组合，呈现它们不一样的美。

扫码看视频

美食故事 凉拌类的菜最适合新手，不仅吃起来清爽开胃，做起来也简单。要想做出好吃的凉拌菜，只需注意一个要点：用辣椒或花椒现炸热油、趁热浇上。这样才能将葱姜蒜的香味激发出来，拌出的凉菜才会香气四溢。另外，喜欢吃醋的朋友，别忘了再加一勺醋，口味会更好。掌握住这个要点，即使是厨房新手，也一样可以拌出无敌好吃的凉拌菜。

香辣海带丝

▼ 主料	
海带丝	200 克
红椒	1 个

▼ 配料	
小红辣椒	1 个
干辣椒	3 个
麻辣花生	30 克

▼ 调料	
生抽	1/2 小匙
醋	1 小匙
糖、盐、辣椒酱、香油	各少许
花生油	适量

▼ 准备

海带丝洗净、切段。红椒去籽、蒂，切细丝。
小红辣椒和干辣椒切碎。麻辣花生切碎。

▼ 做法

① 锅中烧水，水开后放入红椒丝，焯烫几秒捞出。

② 迅速放入冷水中浸泡,待冷却后捞出沥干。

③ 再将海带丝放入沸水中焯烫 2 分钟。

④ 浸入冷水中，待冷却后捞出沥干。

⑤ 将海带丝和红椒丝混合，加入生抽。

⑥ 再加入醋。

⑦ 加入糖和盐。

⑧ 另起锅，入少许油烧热，放入辣椒酱和辣椒碎爆香。

⑨ 待香味溢出后放入花生碎。

⑩ 充分炒匀，即可关火。

⑪ 趁热将辣椒花生碎和热油一起倒入海带丝中。

⑫ 再加入少许香油，充分拌匀即可。

1. 也可使用干制海带，注意要提前充分处理，否则会太硬。
2. 海带丝表面有一层黏液，不要过分清洗，否则会流失很多营养物质。

凉拌豆腐

难易度 ★ ☆ ☆ ☆

 5 分钟

▼ 主料

| 盒装内酯豆腐 | 1 盒 |
| 炸花生米 | 1 大匙 |

▼ 调料

生抽	2 大匙
白糖、辣椒油、香油、醋	各 1 小匙
香菜、葱、蒜	各适量

▼ 做法

① 香菜择洗净，切末。葱剥去干皮，切末。蒜剥皮，切末，备用。

② 将盒装豆腐撕开包装盒，倒入深盘中。

③ 将炸花生米去皮，压碎。

④ 花生碎、香菜末、葱、蒜末同放碗中，加入生抽、白糖、辣椒油、香油、醋拌匀成味汁。

⑤ 将拌好的味汁浇在内酯豆腐上即可。

 美味加分 》 内酯豆腐是用葡萄糖酸－δ－内酯为凝固剂生产的豆腐，质地细腻肥嫩，味道纯正，比卤水豆腐更适合用于凉拌。

鞭炮豆腐

难易度 ★ ★ ☆ ☆

🕐 **10分钟**

▼ 主料

卤水豆腐	250 克
川味剁椒	50 克

▼ 调料

鸡蛋	1 个
淀粉	50 克
盐	适量

扫码看视频

▼ 做法 ··························

① 卤水豆腐切成两指宽的长方形条。

② 入锅炸之前用盐腌半小时。

③ 鸡蛋取蛋黄备用。

④ 盐腌过的豆腐用干淀粉裹匀。

⑤ 裹好淀粉的豆腐放入蛋黄液中裹匀。

⑥ 平底锅烧热后放油，将豆腐煎至金黄。用川味剁椒加以装饰或佐食。

美食故事

红火的鞭炮总是会让人联想起浓浓的年味儿，今天做一串鞭炮豆腐来凑凑热闹。

一清二白

难易度 ★ ☆ ☆ ☆

 5 分钟

▼ 主料

豆腐	200 克
香葱	50 克

▼ 调料

盐、香油、红辣椒圈	各适量

▼ 做法

① 豆腐洗净，切成方丁。香葱取葱绿，洗净，切小段。

② 豆腐入沸水锅中焯透，捞出凉透，待用。

③ 将豆腐、香葱倒入盛器内，调入盐、香油拌匀，撒上红辣椒圈，装入盘中即可。

辣油腐竹脆瓜

难易度 ★ ☆ ☆ ☆

 10 分钟

▼ 主料
腐竹	150 克
脆瓜	150 克

▼ 调料
盐、鸡精、辣椒油	各适量
干辣椒段	20 克

▼ 做法

① 将泡发好的腐竹切成段，备用。

② 将脆瓜洗净，切成细丝，备用。

③ 将干辣椒段放入碗中，倒入辣椒油拌匀。

④ 把腐竹段、脆瓜丝放在一个盛器中，放入盐、鸡精调味。

⑤ 淋入调好的辣椒油，搅拌均匀即可。

推荐理由

腐竹富含蛋白质，脆瓜清新爽脆，两者搭配既能让人胃口大开，又可补充营养。

炝拌金针腐竹丝

难易度 ★ ★ ☆ ☆

 10 分钟

▼ 主料

彩椒	200 克
腐竹	200 克
金针菇	50 克

▼ 调料

干辣椒段	20 克
生抽、盐、鸡精、花生油	各适量

▼ 做法

① 把腐竹放入温水中泡发半个小时，捞出，切成粗条，备用。

② 将彩椒去蒂、籽，洗净，切条，备用。

③ 将腐竹条、彩椒丝、金针菇放入滚烫的沸水中焯水，捞出冲凉，控水。

④ 将腐竹条、彩椒丝、金针菇放入一个盛器中。

⑤ 放入干辣椒段，泼入滚烫的花生油。

⑥ 放入生抽调色，放入盐、鸡精调味，翻拌均匀，即可装盘。

 **制作关键** ≫ 泡发腐竹最好用温水，用凉水则太费时，用热水则容易泡得过软。

香辣
豆腐干

难易度 ★ ★ ☆ ☆

10 分钟

▼ 主料

豆腐干	200 克
青尖椒、红尖椒	各 10 克
香菜	10 克

▼ 调料

干辣椒	5 克
盐、鸡精、生抽、花生油	各适量

▼ 做法

① 将豆腐干切成条，备用。

② 将青尖椒、红尖椒洗净，切成条。

③ 将香菜洗净，切成小段。

④ 将干辣椒切段，备用。

⑤ 将豆腐干条、青尖椒条、红尖椒条、香菜段、干辣椒段放入一个盛器中，放入生抽。

⑥ 放入盐、鸡精调味。

⑦ 淋入热花生油，搅拌均匀，装盘即可。

推荐理由

此菜香辣开胃、搭配合理、制作简单，是厨房新手也能学会的美味小菜。

菠菜炝豆腐干

难易度 ★ ★ ☆ ☆

🕐 **10分钟**

▼ 主料

菠菜	150 克
豆腐干	200 克

▼ 调料

干红辣椒、大蒜	各 10 克
盐、鸡精、花生油、生抽各适量	

▼ 做法

① 将菠菜择净，豆腐干切成条。

② 将干红辣椒切成段，大蒜切成蒜蓉。

③ 锅中放入滚烫的沸水，放入豆干条、菠菜焯水，捞出冲凉，控水。

④ 将菠菜、豆干条、红辣椒段、蒜蓉放入一个盛器中。放入盐、鸡精、生抽调味。

⑤ 泼入滚烫的花生油。

⑥ 搅拌均匀，装盘即可。

★ 推荐理由 ★

此菜色泽莹润、口感鲜嫩、用料简单，不失食材的原味。

★ 制作关键 》 焯水时要先下豆腐干，后下菠菜，同时捞出。

香拌
里脊丝

难易度 ★ ★ ☆ ☆

🕐 **30 分钟**

▼ **主料**

猪里脊肉	250 克

▼ **调料**

香菜	2 根
盐	1/3 小匙
蒜末	3 克
蚝油	1 小匙
老抽	2 滴

水淀粉、辣椒油、葱丝、色拉油
各适量

▼ **做法**

① 里脊肉顶刀切成细丝。

② 用盐、水淀粉将里脊丝抓匀，上浆后封油，静置 20 分钟。

③ 香菜切段备用。

④ 炒锅烧热后倒入色拉油，待油温烧至七成热时加入里脊丝快速滑炒至肉丝变色。

⑤ 将滑炒后的里脊丝铲出，炒锅洗净，重新烧热。

⑥ 锅热后加入少量色拉油，用蒜末爆香后加入里脊丝，并加入蚝油、老抽炒匀，出锅后加入葱丝、香菜，并炝入辣椒油即可。

 制作关键 》 炒肉丝时要避免粘锅。锅要烧热后再加入色拉油，油再烧热后方可加入肉丝，这样就可以避免出现粘锅的现象。此菜晾凉食用效果更佳。

美极肉干

难易度 ★★☆☆

　20分钟

▼ 主料

猪五花肉	500 克
洋葱	100 克
红辣椒	50 克

▼ 调料

香菜、料酒、白糖、味极鲜酱油、花生油、白醋、香油各适量

▼ 做法

❶ 将洋葱切丝，红辣椒切丝，香菜切段，五花肉切片。

❷ 将五花肉片放入碗中，倒入料酒、白糖、味极鲜酱油抓匀。

❸ 锅中放油烧至七成热，逐片放入腌好的五花肉片，炸至金黄干香时捞出控油。

❹ 将炸好的五花肉片放入碗中，加入洋葱丝、香菜段、红辣椒丝，用味极鲜酱油、白醋、白糖、香油拌匀即成。

蒜泥白肉

难易度 ★ ★ ★ ☆

🕐 **20 分钟**

▼ 主料

猪五花肉	500 克
莴笋	200 克

▼ 调料

蒜泥、姜、花椒、盐、浓缩鸡汁、辣椒油、葱花各适量

▼ 做法

① 五花肉洗净，入开水锅氽水，捞出。

② 莴笋去皮，切丝，焯水后捞出。

③ 锅内加水烧开，放入葱花、姜、盐、花椒和五花肉，煮至肉熟透后捞出，晾凉，切片。

④ 用五花肉片将莴笋丝卷成卷，装盘。

⑤ 将蒜泥、鸡汁、辣椒油放入碗中，调成味汁后浇在盘中即可。

云片脆肉

难易度 ★ ★ ☆ ☆

 25 分钟

▼ 主料

猪耳朵	500 克

▼ 调料

盐	4 克
酱油	8 克
料酒	10 克
白糖	15 克
葱	5 克
花生油	适量

▼ 做法

① 猪耳朵去毛，洗净。葱洗净，切成葱花，备用。

② 猪耳朵放入开水锅中，加盐、料酒、酱油煮熟。

③ 捞出猪耳，切片。

④ 锅放油烧热，放入白糖、盐炒成汁，淋在猪耳朵上，撒上葱花即可。

 保健功效

 猪耳　猪尾

滋补强壮：猪耳、猪皮和猪尾中含有丰富的蛋白质、脂肪、碳水化合物、钙、磷、铁等营养素，具有补虚强身、滋阴润燥的作用。凡病后体弱、产后血虚、面黄羸瘦者，皆可用之作营养滋补之品。

美容养颜：猪耳、猪皮和猪尾中富含胶质，含有人体必需的各种氨基酸，易被人体充分利用，具有和血、润肤、美容的功效。

煳辣耳片

难易度 ★ ★ ☆ ☆

🕐 **30 分钟**

▼ **主料**

猪耳朵	200 克
青椒	25 克

▼ **调料**

盐、酱油、白糖、醋、蒜泥、
辣椒油、花椒油、葱花、干辣
椒、花椒、花生油各适量

▼ **做法** ·······

① 猪耳朵刮去表面细毛，洗净。

② 猪耳朵放入沸水锅内余片刻，捞出晾
凉，切成薄片。

③ 青椒洗净，去蒂、籽，切成粗丝，待用。

④ 锅内加油烧热，下干辣椒、花椒炒出
香味，取出剁细，制成煳辣末。

⑤ 将猪耳片、青椒丝放入碗内，加煳辣末、
盐、酱油、白糖、醋、蒜泥、葱花、辣椒
油、花椒油拌匀即可。

红油肚丝

难易度 ★ ★ ★ ☆

 20分钟

▼ 主料

猪肚   400 克

▼ 调料

小香葱、辣椒油、白糖、酱油、
盐各适量

▼ 做法 ·····

1 小香葱洗净，切成葱花。

2 猪肚洗净，入沸水锅内煮熟，捞起
晾凉。

3 将猪肚切成丝，装盘。

4 将酱油、辣椒油、白糖、盐调成红
油味汁，淋在肚丝上，撒上葱花即成。

芹香猪肝

难易度 ★ ★ ☆ ☆

20分钟

▼ 主料

芹菜	200 克
胡萝卜	20 克
熟猪肝	200 克

▼ 调料

盐、鸡精	各适量

▼ 做法 ....

① 将芹菜洗净，切段，备用。

② 将胡萝卜切成块，备用。

③ 锅中放入滚烫的沸水，放入芹菜段、胡萝卜块进行焯水，捞出冲凉，控水。

④ 将熟猪肝切成片，备用。

⑤ 把芹菜段、胡萝卜块、猪肝片放入一个盛器中，放入盐、鸡精调味，拌匀即可上桌。

★ 推荐理由 ★

此菜食材搭配得当、营养丰富、口感饱满，食后回味悠长。

 ≫ 胡萝卜块、猪肝片和芹菜段要切得大小相近。

大蒜炝牛肚

难易度 ★ ★ ☆ ☆

 15 分钟

▼ 主料

| 牛肚 | 500 克 |
| 蒜蓉 | 50 克 |

▼ 调料

盐	5 克
花生油	适量
干辣椒段、葱花、红油、料酒、酱油各 10 克	

▼ 做法

① 牛肚洗净,切成条。

② 牛肚条放入沸水锅中余烫熟,捞出沥水。

③ 锅烧热下油,放干辣椒段爆一下,然后倒料酒,加酱油,依次放入红油、蒜蓉、盐。

④ 撒上葱花,翻炒炒匀,盛出淋在牛肚条上即可。

★ 推荐理由 ★

此菜食材丰富,口感鲜美,脆爽又筋道,色泽诱人。

大头菜
拌牛肚

难易度 ★★☆☆

 20 分钟

▼ 主料

大头菜	200 克
牛肚	100 克
虾仁	50 克
豆腐干	50 克

▼ 调料

红尖椒、香菜	各 5 克
盐、鸡精、生抽、麻油各适量	

▼ 做法 ......

① 将豆腐干切成粗条。

② 将红尖椒切成丝；香菜择叶，洗净叶子，备用。

③ 将大头菜撕成片，备用。

④ 锅中放入滚烫的沸水，放入牛肚、虾仁余水，捞出冲凉，控水。

⑤ 锅中放入滚烫的沸水，放入大头菜焯水，捞出冲凉，控水。

⑥ 将大头菜放入盘中。

⑦ 放上牛肚、虾仁、豆干条、香菜叶，放入盐、鸡精、生抽调色。

⑧ 放入麻油，调拌均匀即可。

 》 牛肚最好是购买已处理好的，使用前冲洗干净并控干即可。

羊肉
拌香菜

难易度 ★ ☆ ☆ ☆

 20 分钟

▼ 主料

| 羊肉 | 300 克 |
| 香菜 | 100 克 |

▼ 调料

醋、白胡椒粉、香油、辣椒油、
红辣椒圈各适量

▼ 做法 ······

2

3

❶ 羊肉洗净，上锅烧开，撇净浮沫，
捞出洗净。

❷ 将熟羊肉切成片。香菜择洗净，取
梗切成段，备用。

❸ 将羊肉片、香菜段倒入盛器内，调
入醋、白胡椒粉、香油、辣椒油拌匀，
撒上红辣椒圈装饰即可。

小主厨沙拉

难易度 ★ ★ ★ ☆

15 分钟

▼ 主料

鸡胸肉	1/2 片

▼ 配料

柠檬	1/2 个
清酒	1 大匙
盐	1 克
生菜叶	2 片
熟鸡蛋	1 个
熟虾仁	5 个
青椒	1/4
奶酪片、圆火腿	各 2 片
西红柿	1/2 个
沙拉酱	3 大匙

▼ 做法 ·····

① 鸡胸肉洗净下锅，放入柠檬，倒入清酒和盐，煮熟。

② 煮熟的鸡胸肉，顺丝切成条状。

③ 将熟鸡蛋切成片。

④ 将青椒、奶酪片、圆火腿均切丝，西红柿切丁。

⑤ 生菜叶洗净，沥干水，撕成片。

⑥ 将食材在盘中码放好。

⑦ 淋上沙拉酱，拌匀即可。

★ 制作关键 ≫ 小主厨沙拉的食材比较丰富，像洗菜、剥鸡蛋等工作可以让孩子自己动手帮忙，既增加了动手乐趣，又会让孩子更珍惜自己的劳动成果而把沙拉消灭掉。

鸡丝凉皮

难易度 ★ ★ ☆ ☆

15 分钟

▼ 主料

熟鸡脯肉、凉皮	各 200 克
黄瓜	100 克

▼ 调料

盐、香油、芝麻、红油　　各适量

▼ 做法

1

2

3

4

❶ 凉皮放入沸水锅中焯熟，捞起控干，装盘晾凉。

❷ 黄瓜洗净，切成丝。

❸ 鸡脯肉撕成细丝，与黄瓜丝、凉皮一起装盘。

❹ 将香油、红油、芝麻、盐调匀，浇于凉皮上即可。

口水鸡

难易度 ★ ★ ★ ☆

 30 分钟

▼ 主料

仔公鸡	400 克
黑芝麻	5 克
油酥花生仁	50 克

▼ 调料

香菜、玫瑰花　　　少许

花生酱、辣椒油、花椒面、盐、
香油、冷鸡汤、小葱各适量

▼ 做法

① 小葱洗净，切成葱花。油酥花生仁用刀背砸成碎末。

② 黑芝麻用筷子擀一下，放锅中炒香。

③ 仔公鸡处理干净，入沸水汤锅中煮至刚熟时捞起。

④ 将公鸡晾凉后斩成 5 厘米长、1 厘米宽的条，装盘。

⑤ 用香油把花生酱搅散，加盐、辣椒油、冷鸡汤、花椒面、黑芝麻、油酥花生仁拌匀，调成麻辣味汁。

⑥ 盘中摆入香菜和玫瑰花，将麻辣味汁淋在鸡肉上，撒上葱花即成。

棒棒鸡

难易度 ★ ★ ★ ☆

🕐 25分钟

▼ 主料

嫩鸡腿肉、鸡脯肉　共300克

▼ 调料

红辣椒油、芝麻酱、盐、料酒、
白糖各适量

▼ 做法

❶ 将辣椒油、芝麻酱、盐、白糖、料酒
放入碗中搅匀，制成味汁。

❷ 将嫩鸡腿肉、鸡脯肉放入汤锅内，加
入清水、料酒、盐煮约10分钟，肉熟时
捞出，控水放凉。

❸ 用小木棒轻捶鸡肉，使肉质疏松，将
鸡肉撕成丝。

❹ 将鸡丝放入盘内，将味汁浇在鸡丝上
即成。

★ 推荐理由 ★

鲜嫩的鸡腿肉与清新的苦菊相搭配，
吃起来清爽怡人。

鸡腿肉拌苦菊

难易度 ★ ★ ★ ☆

 25分钟

▼ 主料

鸡腿	1 个
苦菊	300 克
红尖椒丝	10 克

▼ 调料

盐、鸡精、花椒油、生抽各适量

▼ 做法 ·······

① 苦菊洗净，择去老叶。

② 苦菊切段。

③ 将鸡腿肉剔骨，备用。

④ 将剔骨肉放入滚烫的沸水锅中余水，捞出，冲凉，控水。

⑤ 将鸡腿肉放在菜板上切块。

⑥ 将苦菊、鸡腿肉、红尖椒丝放入一个盛器中。

⑦ 加入生抽、盐、鸡精调味。

⑧ 最后淋花椒油拌匀装盘，上桌即可。

 花椒油可以自制，味道更香。具体做法：取适量花椒、香叶、草果、丁香、桂皮、草蔻清洗干净并晾干；菜籽油放入炒锅中，冷油放入葱段、姜片、蒜块，稍微加热后放入香叶、草果、桂皮、丁香、草蔻继续熬制；待香味散出时放入花椒，将之前放进去的香料用筷子夹出弃去，熬至花椒变焦后关火，捞出花椒，晾凉，装入容器中即可。

木耳腐竹拌鸡丝

难易度 ★ ★ ☆ ☆

 20分钟

▼ 主料

腐竹	150 克
熟鸡肉	150 克
黑木耳、胡萝卜、香菜	各 5 克

▼ 调料

盐、鸡精、香油	各适量

▼ 准备

黑木耳撕成块，胡萝卜斜刀切成片。香菜洗净，切成段。

▼ 做法

① 将腐竹泡软后捞出，切成细条。

② 将熟鸡肉撕成条，备用。

③ 锅中放入滚烫的沸水，放入腐竹条、黑木耳块、胡萝卜片焯水，捞出，冲凉。

④ 把腐竹条、黑木耳块、胡萝卜片、鸡肉条、香菜段放入一个盛器中，放入盐、鸡精、香油调味，搅拌均匀装盘即可。

★ 推荐理由 ★

此菜高蛋白、低脂肪，适合青少年及一般人群食用。

炝拌鸡心

难易度 ★ ★ ★ ☆

🕐 **20 分钟**

▼ 主料

鸡心	200 克
青辣椒、红辣椒	各 50 克
干辣椒段	20 克

▼ 调料

盐、鸡精、花生油、生抽各适量

▼ 做法

① 将鸡心洗净，一切为二。

② 将鸡心放入沸水中氽水，洗净血污。

③ 将青辣椒、红辣椒切成圈，备用。

④ 将鸡心、青辣椒圈、红辣椒圈、干辣椒段放入一个盛器中。

⑤ 将烧热的花生油泼入盛器中。

⑥ 放入生抽调色，放入盐、鸡精调味，搅拌均匀即可。

★ 推荐理由 ★

此菜香辣开胃、制作简单，令人食而不厌。

花生
拌鸭胗

难易度 ★ ★ ★ ☆

 25分钟

▼ 主料

鸭胗	300 克
花生仁	100 克

▼ 调料

盐、味精、料酒、花椒、八角、
姜块、葱段、香油、花椒油、
鲜汤各适量

▼ 做法 ·······

❶ 鸭胗去筋、皮后洗净，切花刀，
刀口深度为鸭胗厚度的2/3，刀距0.5
厘米。

❷ 两刀一断，将鸭胗切成鱼鳃形。

❸ 放入沸水中氽至断生，捞出。

❹ 将鸭胗放入碗中，加鲜汤、盐、
料酒、花椒、姜块、葱段，上笼蒸
至入味，取出晾凉。

❺ 花生仁用沸水浸泡，捞出剥去外
皮，加盐、花椒、八角浸泡入味，
捞出晾凉。

❻ 将鸭胗、花生仁放入碗中，加少
许盐、花椒油、香油、味精拌匀，
装盘即成。

皮蛋豆腐

难易度 ★ ★ ☆ ☆

🕐 **10 分钟**

▼ 主料

皮蛋	150 克
嫩豆腐（内酯豆腐）	200 克
青尖椒、红尖椒	各 10 克

▼ 调料

盐、鸡精、生抽、香油、辣椒油各适量

▼ 做法 ·······

① 将嫩豆腐放入盘中，用刀切成小块。

② 将皮蛋去皮，切碎。

③ 将青尖椒、红尖椒切成丁，备用。

④ 将皮蛋放在豆腐上。

⑤ 放上青尖椒丁、红尖椒丁。

⑥ 碗中放入盐、鸡精、生抽、香油、辣椒油调成味汁。

⑦ 将调好的味汁浇入盛豆腐的盘中即可。

✿ 推荐理由 ✿

此菜是各地常见的家常菜，口感咸鲜清爽，制作简单。

粉皮
松花蛋

难易度 ★ ★ ☆ ☆

 10 分钟

▼ 主料

松花蛋	2 个
粉皮	250 克

▼ 调料

盐、酱油、醋、辣椒油、花椒粉、香油、香辣酱、葱花、香菜段各适量

▼ 做法

① 粉皮用温开水洗一下，切成 1 厘米宽的长条。

② 松花蛋剥去外壳，洗净后剖成瓣。

③ 用盐、酱油、醋、香辣酱、葱花、辣椒油、花椒粉、香油调匀，制成麻辣味汁。

④ 将粉皮、松花蛋拌匀后装盘，淋上麻辣味汁，撒上香菜段即成。

 食用松花蛋应配以姜末和醋解毒。将涩口的皮蛋（不去壳）浸泡在清水中，隔日换一次水，数日后即可消除涩味，香气仍存，美味依旧。

手撕虾仁鲜笋

难易度 ★ ★ ☆ ☆

🕐 **15 分钟**

▼ **主料**

鲜笋	200 克
鲜虾	100 克

▼ **调料**

花椒油	适量
盐	2 克

凉拌
水产

扫码看视频

▼ **做法**

① 鲜虾去皮，入水氽熟后晾凉。

② 锅中烧好开水后加盐煮开。

③ 鲜笋洗净去皮，切成大小合适的块。

④ 鲜笋块放入盐水锅中煮开，以去除其青涩味。

⑤ 煮好的虾仁用手撕开成小块。

⑥ 把烧热的花椒油炝于鲜笋虾仁上即可。

 美食故事 这是一道适合春季食用的菜品。选一棵鲜笋再配上几个鲜虾仁就是一盘上好的小菜。

 ★ **制作关键** ≫ 把竹笋放平，用刀在笋壳表面竖着划一条线。不要划太深，否则就不能得到完整的笋。接着从那条线处下手掰开，即可轻松去皮。

蛋网鲜虾卷

20分钟

美食故事

　　每次做这道菜时都会令我很开心，亮丽的颜色、复合的口感，浓浓的奶香酱里裹着新鲜蔬菜，吃一口会觉得满满的幸福就在唇齿之间。

鲜虾仁	10 个
胡萝卜	50 克
荷兰豆	50 克
黄瓜	50 克

▼ 调料

黑胡椒碎	2 克
奶香沙拉酱	2 小匙

▼ 准备

1. 虾仁去沙线后用水汆熟。
2. 土豆去皮蒸熟。

▼ 主料

鸡蛋	3 个
面粉	50 克
土豆	1 个

▼ 做法

① 鸡蛋打散。用细网筛入面粉，再用细纱过滤一遍，倒入一次性裱花袋内，只需剪一个小孔即可。

② 胡萝卜切成半指宽细条，用开水焯两三分钟即可。黄瓜条切成与胡萝卜同宽的条。

③ 荷兰豆切成细条，用开水焯 2 分钟，待颜色稍变成深绿即可。

④ 虾仁放入开水锅汆至变色即可捞出。熟的虾仁对半切开，顺便将边边角角修饰一下。

⑤ 将蒸熟的土豆晾凉装密封袋内，连拍带打将之碾成豆泥即可。

⑥ 土豆泥内加入 1 大匙奶香沙拉酱和 1 ~ 2 克的黑胡椒碎。

⑦ 不粘锅内放少许油但别有油滴。手持裱花袋沿锅内横竖挤压形成网格，加热 10 秒翻面即可出锅。

⑧ 取出的蛋网要用保鲜膜封好，保持湿度和软度。将蛋网平铺在菜板上，依次将土豆泥捏成长条状平铺在最下面，以便粘住上面的食材。最后将黄瓜条、胡萝卜条、荷兰豆条、虾仁卷入蛋网即可。

捞汁虾仁土豆丝

难易度 ★ ★ ☆ ☆

  10 分钟

▼ 主料

土豆	200 克
胡萝卜	5 克
虾仁	10 克

▼ 调料

香菜叶	5 克
盐、鸡精、生抽	各适量

▼ 做法 ....

① 将土豆去皮，洗净，切成丝，泡入清水碗中。

② 将香菜叶洗净，将胡萝卜切成丝。

③ 将虾仁余熟，土豆丝和胡萝卜丝分别焯至断生，捞出控水，然后一同放入盛器中，摆上香菜叶。

④ 放入盐、鸡精，浇入生抽，搅拌均匀装盘即可。

推荐理由

此菜为咸鲜口味，制作简单、营养丰富。

凉拌桃花虾

难易度 ★ ☆ ☆ ☆

🕐 **5 分钟**

▼ 主料

桃花虾（熟制的）　　200 克

▼ 配料

小香葱　　　　　　　2 根

▼ 调料

香醋　　　　　　　　1 大匙

香油　　　　　　　　1 小匙

▼ 做法 ·······················

① 准备好熟制的桃花虾。

② 准备好香醋。

③ 小香葱洗净，切小象眼段。

④ 将小香葱段和桃花虾拌匀，浇上香醋，淋上香油即可。

 桃花虾是熟制的，咸鲜适中，可以直接吃，也可加少许醋和香油增加风味。如果有凉粉，再加少许盐拌在一起，就是最佳组合。

难易度 ★ ★ ☆ ☆

🕐 10 分钟

烧椒
拌金钩

▼ 主料

青椒、红椒	各1个
小金钩海米	约30克

▼ 配料

蒜米	10克

▼ 调料

味极鲜	2大匙
香醋	1大匙
鸡精	1/4小匙
糖	1克
香油	3克
花生油	适量

▼ 做法

① 青椒、红椒清洗干净。

② 锅中放少许油,加热至三四成热,放入青椒、红椒,小火煎至表面呈虎皮色,盛出。

③ 小金钩海米清洗一遍,用纯净水泡3～5分钟至稍微回软,备用。

④ 煎好的青椒、红椒撕去表皮,切成细条。

⑤ 将切好的青椒条、红椒条和海米放到一起,放上切碎的蒜米。

⑥ 加入味极鲜、香醋、鸡精、糖、香油拌匀即可。

 制作关键 》

1. 煎青椒、红椒的时间不要太长,以免影响口感。可以用铲子压着煎,使青椒、红椒尽可能和锅子接触,这样表皮煎得均匀,煎好的青椒、红椒有独特的香味。

2. 拌凉菜加糖主要用来提鲜,量要少,别吃出甜味才好。

捞汁菠菜扇贝

难易度 ★ ★ ☆ ☆

10 分钟

▼ 主料

菠菜	300 克
扇贝	500 克
青杭椒、红杭椒	各 20 克

▼ 调料

盐、味精、醋、香油　各适量

★ 推荐理由 ★

春天是扇贝最肥美的季节，在此时享用此菜真可谓是完美！

▼ 做法

❶ 菠菜洗净切段，放入沸水锅中焯水。

❷ 焯好的菠菜过凉，控干，放入容器中，备用。

❸ 扇贝放沸水锅中煮熟后捞出，再用温水冲洗，取肉。

❹ 青杭椒、红杭椒切圈，将调料放入一个盛器中搅拌成捞拌汁。

❺ 菠菜、扇贝装盘。

❻ 浇入捞拌汁，点缀青杭椒圈、红杭椒圈即可。

难易度 ★　　★

10分钟

蛤蜊
拌黄瓜

▼ **主料**

蛤蜊	200 克
嫩黄瓜	2 根

▼ **配料**

蒜米	1 大匙

▼ **调料**

味极鲜	2 大匙
香醋	2 大匙
盐	1/4 小匙
糖	1/4 小匙
鸡精	1/4 小匙
香油	1 小匙

▼ **做法** ·······

① 蛤蜊放到盐水中养半天，使其吐净泥沙和污物，换水，将表皮冲洗干净。

② 锅中烧水，八九成开时倒入蛤蜊和2/3 小匙盐，煮 3 分钟至蛤蜊开口，立即捞出。

③ 将煮好的蛤蜊去壳，将蛤蜊肉用原汤冲洗干净。

④ 嫩黄瓜去皮，拍碎后切成小段。

⑤ 将黄瓜段、蛤蜊肉和蒜米放到一起。

⑥ 加入味极鲜、香醋、盐、糖、鸡精、香油，拌匀即可。

 **制作关键** ≫

1. 煮蛤蜊的时间不要太长，开口即好，可以将提前开口的拣出来，以保证鲜嫩的口感。

2. 煮蛤蜊的水中加少些盐可以提鲜，记得用原汤冲洗蛤蜊肉。方法是：蛤蜊肉倒入原汤中，用筷子顺时针不断搅拌，捞出后将原汤澄清，再循环操作搅拌和澄清步骤，直至洗净蛤蜊肉为止。

毛蛤蜊
拌菠菜

难易度 ★ ★ ☆ ☆

🕐 **10分钟**

▼ 主料

毛蛤蜊	500 克
菠菜	300 克

▼ 配料

大蒜	5 瓣

▼ 调料

味极鲜	3 大匙
香醋	2 大匙
糖	1/3 小匙
香油	1 小匙
鸡精	1/4 小匙

▼ 做法 ·········

❶ 毛蛤蜊用小刷子沿着壳的纹路清洗干净。

❷ 水烧开，放入蛤蜊煮 2～3 分钟至开口，捞出。

❸ 毛蛤蜊取净肉。

❹ 菠菜焯水，3～5 秒钟后捞出，入凉开水过凉。

❺ 菠菜沥水切 4 厘米长的段，大蒜切末，放入蛤蜊肉。

❻ 加味极鲜、香醋、香油、鸡精和糖拌匀即可。

 ≫

1. 毛蛤蜊汆水的时间要短，否则肉会变皮，影响口感。蛤蜊肉也可以用澄清的蛤蜊原汤清洗几遍，这样食用起来更安心。

2. 菠菜焯水的时间也要短，投入凉开水可以保证菠菜脆爽的口感。

3. 如果想保持菠菜翠绿的色泽，可以在焯菠菜时加几滴色拉油。

难易度 ★★☆☆

10分钟

海虹
拌菠菜

▼ **主料**

海虹	300 克
菠菜	200 克

▼ **调料**

蒜米	1 大匙
橄榄油	1 小匙
味极鲜	2 大匙
醋	1 大匙
糖	1/4 小匙
盐	1/4 小匙
鸡精	2 克
花椒油	1 小匙

▼ **做法**

① 将海虹择净杂物，用流水充分清洗干净。

② 开水上屉，盖上锅盖，旺火蒸 2 ～ 3 分钟至海虹开口。

③ 晾凉后去壳取肉。

④ 菠菜清洗干净，水开后下锅。

⑤ 烫 5 ～ 6 秒钟即刻捞出，放到纯净水中过凉。

⑥ 将菠菜切成 3 ～ 4 厘米长的段，和海虹肉放到一起，加入蒜米、橄榄油、味极鲜、醋、糖、鸡精、盐和花椒油。

⑦ 拌匀，盛入容器即可。

 制作关键 》

1. 海虹要开水上屉蒸制，时间不宜过长，否则会缩得比较小，口感也不好。

2. 菠菜烫软变色后即刻捞出，放到凉水中，以保持清爽的口感。

3. 花椒油超市有售，添加后别具风味。

双脆
拌蛏子

难易度 ★ ★ ☆ ☆

⏱ 10分钟

▼ **主料**

竹蛏	约 300 克
黄瓜	100 克
即食海蜇丝	100 克

▼ **调料**

蒜米	15 克
料酒	1 大匙
葱姜片	15 克
味极鲜	2 大匙
香醋	2 大匙
盐	2 克
橄榄油	1 小匙
糖	2 克
花椒油	1 小匙

▼ **做法** ···

① 将竹蛏放到盐水中养半天，让其吐净污物。

② 锅中放水烧至八成开，倒入料酒，放入葱姜片，放入竹蛏。

③ 煮 1 ~ 2 分钟至蛏子开口后捞出。

④ 去壳留肉，将蛏子肉用原汤涮洗几遍至蛏肉干净，备用。

⑤ 黄瓜切粗丝。即食海蜇丝冲洗后和蛏子、黄瓜丝放到一起，撒上蒜米。

⑥ 加上剩余的调料拌匀即可。

 制作关键 》

　1. 去壳的蛏子要用原汤冲洗净。

　2. 添加花椒油后风味独特，拌凉菜必不可少。

川式
墨斗鱼

难易度 ★ ★ ☆ ☆

 10 分钟

▼ 主料

鲜墨鱼　　　　　　200 克

鲜猪腰　　　　　　150 克

炸花生米　　　　　30 克

▼ 调料

盐、鸡精、花椒油、白糖、川
椒油、姜末、香葱末各适量

▼ 做法 ·····

① 鲜墨鱼、鲜猪腰分别处理干净，切
花刀，再改刀成条。

② 将墨鱼汆水至熟，捞出过凉。

③ 猪腰汆水至熟，捞出，将墨鱼、猪
腰放入盛器中。

④ 盛器内调入盐、鸡精、花椒油、白
糖、川椒油、炸花生米。

⑤ 拌匀后装盘，再撒入姜末、香葱末
即可。

拌鱿鱼丝

难易度 ★ ★ ☆ ☆

 10 分钟

▼ 主料

鲜鱿鱼	300 克
黄瓜	100 克

▼ 调料

酱油、醋、辣椒油、味精、芝
麻酱各适量

▼ 做法

① 鲜鱿鱼处理好，洗净。

② 将鱿鱼横向片开，切成丝。

③ 黄瓜洗净，切成丝，垫在盘底。

④ 鱿鱼丝在开水锅里烫一下，捞出沥水，
晾凉后放在黄瓜丝上。

⑤ 鱿鱼丝上浇上酱油、醋、辣椒油，加
味精和芝麻酱拌匀即可。

1

2

3

4

5

难易度 ★★☆☆

⏱ 10 分钟

葱拌八带

▼ 主料

八带	300 克

▼ 配料

葱姜片	20 克
姜丝、小葱	各 10 克

▼ 调料

料酒	1 大匙
醋	1/2 小匙
味极鲜	2 大匙
香醋	1 大匙
鸡精	1/4 小匙
香油	1/2 小匙

扫码看视频

▼ 做法

① 八带清洗干净。锅入水烧至八九成热，倒入 1 大匙料酒和葱姜片，放入八带，倒入 1/2 小匙醋，烧开。

② 余至变色、八带腿打卷、头部变硬，捞出，投入凉开水中过凉。

③ 将八带改刀、去口器，小八带可以不必切。

④ 切好姜丝，小葱切小象眼段。

⑤ 加入味极鲜、香醋、鸡精、香油。

⑥ 拌匀，装入容器即可。

★ 制作关键 》

1. 余八带时间不要过长。根据八带的大小适当调节时间。余水的时候加醋，可以使八带更脆爽。

2. 余好的八带投入凉水过凉，可保持口感脆爽。

3. 要食用鲜活的八带，口器余熟后更方便取出。

温拌螺片

难易度 ★ ★ ☆ ☆

15 分钟

▼ 主料

大海螺	4 只

▼ 调料

葱姜片	15 克
料酒	1 大匙
葱白	10 克
青红椒丝	5 克
味极鲜	2 大匙
醋	2 大匙
香油	1 小匙
糖	1 克
盐	1 克
花椒油	1/2 大匙

▼ 做法

① 大海螺清洗干净，备用。

② 锅中加水，放入葱姜片和料酒，将海螺口朝下，冷水下锅，开锅后煮约 8 分钟。

③ 将海螺顺势从壳中转出来，去掉内脏和螺脑，留螺头备用。

④ 将葱白和青红椒丝切好，提前泡入纯净水中，泡至卷曲。

⑤ 趁热将螺头切片，放入葱白丝和青红椒丝，加剩余的调料。

⑥ 拌匀装盘即可。

 制作关键 》

1. 煮海螺要口朝下，可使肉厚的螺头尽快成熟，开锅后根据海螺的大小调节时间，不要煮老，以免影响口感。

2. 大海螺的螺脑食用后易中毒，所以必须去除干净。

3. 葱白浸泡可以很好地去掉辛辣味，卷曲后造型美观。

难易度 ★★★☆☆

10 分钟

白菜拌海蜇皮

▼ 主料

白菜	200 克
水发海蜇皮	150 克
胡萝卜	10 克

▼ 调料

蒜泥 10 克，香菜 10 克，盐、味精、白糖、醋、生抽、香油各适量

推荐理由

此菜鲜香清脆，在炎炎夏日中食用可清热解毒、增加食欲。

▼ 做法

① 白菜洗净，取出白菜心，切丝。

② 水发海蜇皮洗净，切成约 0.5 厘米宽的丝。

③ 胡萝卜切细丝，香菜择下叶片，备用。

④ 将切好的海蜇皮用约 80℃的水氽一下，过凉，备用。

⑤ 将所有切好的主料和香菜叶放入不锈钢盆中。

⑥ 放入蒜泥，用盐、白糖、味精、醋、生抽、香油调成汁，倒入盆中拌匀即可。

老醋蜇头

难易度 ★ ★ ★ ☆

15 分钟

▼ 主料

蜇头	500 克
黄瓜	1.5 根
木耳	40 克

▼ 配料

大蒜	5 瓣
红椒	10 克
香菜	20 克

▼ 调料

陈醋	3 大匙
味极鲜	2 大匙
盐	1/4 小匙
糖	1/4 小匙
香油	3 克

▼ 做法

① 蜇头用冷水浸泡 10 小时以上，中间换 3 次水，直至咸味基本泡掉。

② 将蜇头片成抹刀片，入九成开的水中余 2 ~ 3 秒钟，即刻捞出。

③ 投入凉开水中浸泡凉透。

④ 发好的木耳洗净。锅中烧开水，下入木耳焯水，备用。

⑤ 木耳晾凉。黄瓜洗净、拍碎，切块。蒜切末，红椒切末，香菜切小段。将海蜇头沥水，所有材料放到一起。

⑥ 加入陈醋、味极鲜、盐、糖、香油，拌匀即成。

 制作关键 》 老醋蜇头要选用上好的陈醋，以保证口味最佳。味极鲜的比例可以根据自己口味适当调整，但酸口是主导。

难易度 ★ ★ ☆ ☆

10 分钟

菜心蜇皮

▼ 主料

| 娃娃菜心 | 1 棵 |
| 即食海蜇皮 | 1 袋 |

▼ 配料

香菜	1 根
红椒	8 克
大蒜	3 瓣

▼ 调料

橄榄油	1 小匙
盐	2 克
糖	1/4 小匙
鸡精	1/4 小匙
生抽	2 大匙
香醋	1 大匙
麻油	1/2 小匙

▼ 做法 ......

1 准备好各种材料。

2 将蜇皮冲洗干净，用八成热的水快速烫 2～3秒钟，捞出投入凉开水，备用。

3 将菜心清洗干净，切丝。香菜切段，红椒 切丝，蒜切末。将以上材料与蜇皮放在一起。

4 加入橄榄油、盐、糖、鸡精、生抽、香醋 和麻油，将所有食材和调料拌匀即可。

1. 凉菜加少许糖，相当提味，但量要少，不必吃出甜味。

2. 可以在超市选购花椒油和麻油，这两样调味品会使你的家常小拌菜独具风 味，堪比大厨水平。

3. 加入少许的橄榄油，不仅可以增香，还会使小凉菜菜色油亮诱人。

第三章

百吃不厌的
美味热炒

香菇
炒油菜

难易度 ★ ☆ ☆ ☆

🕐 **10 分钟**

▼ **主料**

油菜	300 克
香菇	50 克

▼ **调料**

植物油	30 毫升
蚝油	10 毫升
鸡精	少许
盐、蒜末、白糖	各适量

▼ **做法** ··········

① 油菜洗净，沥干。香菇择洗干净，撕成小块。

② 锅内加油烧热，放入油菜急火快炒，炒蔫后加少许盐盛出，备用。

③ 将油菜摆在盘中，可自己做点造型。

④ 锅内重新放油烧热，放入蒜末爆香。

⑤ 加入香菇块翻炒，放入适量盐、白糖、蚝油。

⑥ 炒熟后关火，放少许鸡精调味。

⑦ 将炒好的香菇块倒在摆好盘的油菜上即可。

★ **制作关键** 》

1. 油菜挑选较小的，一片一片撕下，更容易入味。

2. 炒油菜的时候要大火快炒，即将出锅时放点盐调味，这样炒出的油菜不出水且能保持翠绿的颜色。

清炒芦笋

难易度 ★ ☆ ☆ ☆

 **8 分钟**

▼ 主料

芦笋　　　　　　300 克

▼ 调料

葱丝　　　　　　10 克
姜丝　　　　　　10 克
盐、鸡精、花生油　各适量

▼ 做法 ⋯⋯⋯⋯⋯⋯⋯⋯⋯⋯⋯⋯⋯⋯⋯⋯⋯⋯⋯⋯⋯

① 芦笋洗净，用打皮刀去掉老皮。

② 芦笋放案板上切成段。

③ 锅中加水烧开，放入芦笋段烫一下，捞出冲凉，备用。

④ 锅中加花生油烧热，放入葱丝、姜丝爆香。

⑤ 再把芦笋段放入，煸炒 1 分钟。

⑥ 加盐、鸡精调味，炒匀出锅装盘，上桌即可。

推荐理由

属闽菜系，只需简单调味便可烹调出鲜香脆爽的佳肴。

栗子
烧白菜

难易度 ★ ★ ☆ ☆

20 分钟

▼ 主料

栗子	100 克
娃娃菜	500 克
南瓜	50 克
胡萝卜	10 克

▼ 调料

盐	3 克
味精	5 克
鸡粉	3 克
高汤	500 克
植物油	适量

▼ 做法

① 把娃娃菜去根，切条，备用。

② 南瓜蒸熟，打成泥，备用。

③ 栗子煮熟去皮，胡萝卜切成花形。

④ 锅内放油烧热，下娃娃菜稍炒，加入高汤。

⑤ 加入栗子、南瓜泥，剩余的调料，搅拌均匀即可。

1

2

3

4

5

★ 推荐理由 ★

色泽金黄，口感绵软、香甜，特别适合老年人食用。

香干肉丝炒芹菜

难易度 ★ ★ ☆ ☆

15 分钟

▼ 主料

芹菜	200 克
香干	100 克
肉丝	60 克

▼ 配料

彩椒条	30 克
葱丝	15 克

▼ 调料

盐、胡椒粉、鸡精、水淀粉、料酒、
淀粉、鲜味酱油、香油、花生油
各适量

▼ 做法 ·····

① 芹菜切段,香干切条,葱切粗丝,备用。
② 肉丝放入 1 克盐、胡椒粉、料酒和淀
粉抓匀,腌渍入味。
③ 将香干条、芹菜段和彩椒条分别按照顺
序焯水。
④ 锅烧热,倒入油,下入肉丝煸熟。
⑤ 倒入葱丝煸香,放入香干条翻炒。
⑥ 倒入芹菜段和彩椒条,放入鲜味酱油、
1 克盐和鸡精炒匀。
⑦ 倒入水淀粉炒匀,使汤汁裹匀食材后关
火,淋入香油即可。

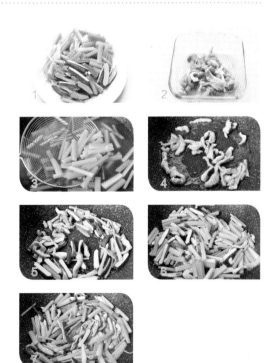

三色
炒藕丁

难易度 ★ ☆ ☆ ☆

 15分钟

▼ 主料

藕	300 克
彩椒	150 克
肉丁	50 克

▼ 调料

盐、鸡精、生抽、花生油、孜然各适量

▼ 做法

① 将藕去皮，洗净，切成丁。

② 将彩椒去蒂，洗净，切成丁，备用。

③ 先将藕丁放入滚烫的水中焯水 5 分钟。

④ 放入彩椒丁焯水，捞出，冲凉，控水。

⑤ 锅中依次放入油、孜然、肉丁，炒至肉丁变色。

⑥ 放入藕丁、彩椒丁，翻炒均匀。

⑦ 用盐、鸡精、生抽调味，翻炒至食材入味成熟，出锅装盘即可。

推荐理由 ★

香脆可口，色彩缤纷，制作简单，却让人百食不厌。

清炒山药

难易度 ★☆☆☆

🕐 **10 分钟**

▼ **主料**

山药	300 克
水发木耳	50 克
胡萝卜	20 克

▼ **配料**

大葱	10 克

▼ **调料**

花生油、盐、水淀粉	各适量

▼ **做法**

① 山药洗净，去皮，切菱形片；木耳撕小片；胡萝卜切菱形片。

② 大葱洗净，切葱花。

③ 将山药片、木耳片、胡萝卜片放沸水锅内焯水。

④ 焯好水的主料过凉水，控干。起锅倒油，爆香葱花。

⑤ 放入焯好水的主料翻炒。

⑥ 加盐调味,淋入水淀粉炒匀即可装盘。

推荐理由

此菜属家常小炒，口感爽滑，营养丰富，既能减肥轻身，又可补益健脾。

难易度 ★ ★ ☆ ☆

20 分钟

干煸四季豆

▼ 主料

四季豆	500 克
猪肉	80 克
芽菜（或冬菜）	50 克

▼ 调料

酱油	1/2 大匙
盐	2/5 小匙
味精	1/5 小匙
料酒	1 小匙
熟猪油	25 克
花生油	适量

▼ 做法

1 四季豆择去筋，掰成两半。

2 猪肉切末。芽菜淘洗干净，挤干水，切末。

3 炒锅加油烧热，放入猪肉末煸干水。

4 加入芽菜末煸香，出锅备用。

5 炒锅烧热，倒入熟猪油，放入四季豆，煸炒至干透，待用。

6 锅中加入猪肉末、芽菜末，倒入料酒煸至干香，放入酱油、盐、味精炒匀，出锅即可。

彩椒炒
海鲜菇

难易度 ★ ☆ ☆ ☆

🕐 **10 分钟**

▼ 主料

海鲜菇	200 克
青彩椒	30 克
红彩椒	30 克
黄彩椒	30 克

▼ 调料

蒜片	10 克
葱花	10 克
盐、鸡精、花生油	各适量

▼ 做法

① 将青彩椒、红彩椒、黄彩椒洗净，去籽，切条。

② 锅中加水烧开，放入青彩椒条、红彩椒条、黄彩椒条焯水，捞出，控水。

③ 海鲜菇去杂质，洗净，切段。

④ 锅中加水烧开，放入海鲜菇段焯水，捞出，控水。

⑤ 锅中加适量花生油烧热，放入葱花和蒜片爆锅。

⑥ 倒入青彩椒条、红彩椒条、黄彩椒条翻炒一会儿。

⑦ 将青彩椒条、红彩椒条、黄彩椒条炒至七分熟，放入海鲜菇段翻炒。

⑧ 加入盐、鸡精调味，翻炒入味成熟，出锅装盘即可。

难易度 ★ ★ ☆ ☆

15 分钟

家味
地三鲜

▼ **主料**

圆茄子	1 个
四季豆	150 克
土豆	1 个

▼ **配料**

冰糖	10 粒

▼ **调料**

八角	1 个
蒜末、色拉油	各适量
蚝油	2 小匙

▼ **准备**

圆茄子去皮。四季豆掰成寸段。
土豆切成与四季豆同宽的长条。

▼ **做法**

① 圆茄子切成厚片，放入加了
色拉油的炒锅内煎制。

② 茄子片煎至软烂后铲出控油。

③ 土豆条及四季豆一起放入锅
中煸炒至成熟。

④ 炒锅内加入少量色拉油及冰
糖、八角。

⑤ 冰糖化开时放入煎好的茄子
片，炒匀糖色后加入蚝油。

⑥ 四季豆与土豆条同时加入锅
中，与茄子片一起翻炒收匀汤
汁，撒上蒜末即可出锅。

肉末南瓜

难易度 ★ ★ ☆ ☆

🕐 **15 分钟**

▼ 主料

南瓜	300 克
猪肉	50 克

▼ 配料

葱末、姜末、蒜末、香葱末各
10 克

老抽、蚝油、白糖、盐、花生
油各适量

▼ 做法 ··

① 南瓜洗净，去皮，切成正方块。

② 猪肉洗净，切成肉粒。

③ 锅中加油烧热，放入猪肉粒煸
炒，放入葱末、姜末、蒜末爆香。

④ 随后烹入老抽、蚝油，炒出酱
香味，倒入南瓜块。加入适量清
水，放入白糖、盐调味，大火烧开，
转中火烧至入味熟透，出锅装盘，
撒香葱末即可。

> **★ 推荐理由 ★**
>
> 鲜香软糯、营养丰富，非常适合老年
> 人和"三高"人群食用。

难易度

10分钟

松仁玉米

▼ 主料

玉米粒	500 克
松仁	50 克
青豆	30 克
胡萝卜	30 克

▼ 调料

盐	3 克
味精、白糖	各 4 克
鸡粉	3 克
植物油	20 克
水淀粉	5 克

▼ 做法

① 胡萝卜切粒。

② 把玉米粒、青豆、胡萝卜焯水，备用。

③ 把松仁炸熟，备用。

④ 锅内放入植物油，把过好水的玉米、青豆、胡萝卜放入，加调料调味。

⑤ 用水淀粉勾芡，装盘撒上松仁即可。

推荐理由

以清香的松仁与甜脆的玉米为主料，嚼起来满口生香。

干煸土豆条

难易度 ★ ☆ ☆ ☆

🕐 15分钟

▼ **主料**

土豆　　　　　　　　300 克

▼ **调料**

干辣椒、香菜、葱花　各10 克

盐、鸡精、花生油、辣椒面各
适量

▼ **做法**

① 将土豆洗净，去皮，切条，备用。

② 锅中放入花生油，烧至六成热，放入
土豆条，炸至金黄色。

③ 干辣椒洗净，切段；香菜洗净，切段，
备用。

④ 锅中放入适量花生油，放入葱花、干
辣椒段爆香。

⑤ 放入炸好的土豆条进行煸炒。

⑥ 放入盐、鸡精、辣椒面调味调色，加
入香菜段，翻炒成熟，出锅即可上桌。

 》 土豆切条时，应尽量切得均匀，这样可使成菜更美观。

难易度 ★ ☆ ☆ ☆

🕐 15 分钟

椒盐
小土豆

▼ 主料

云南小土豆	500 克

▼ 调料

葱	少许
姜	少许
彩椒	10 克
植物油	1000 克
椒盐	20 克
盐	6 克
白糖	3 克

▼ 做法

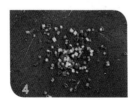

① 把小土豆削去皮，葱、姜切末，彩椒切粒。

② 把小土豆加入盐、白糖煮熟。

③ 锅内放入油烧至六成热，把土豆炸至金黄色，捞出。

④ 锅内留底油，下入葱末、姜末、彩椒粒煸香，放入土豆。

⑤ 撒上椒盐翻炒均匀即可。

 制作关键 ≫ 小土豆要选大小相近的，不但成菜美观，而且可以同步烧熟。

炒蟹粉

难易度 ★ ★ ★ ☆

10 分钟

▼ 主料

熟土豆泥	250 克
熟胡萝卜泥	100 克
熟香菇、熟冬笋肉	各 25 克
鸡蛋	2 个

▼ 调料

盐	3/5 小匙
料酒、白糖、醋	各 1 小匙
味精、胡椒粉	各 1/5 小匙
姜末	5 克
植物油	适量

▼ 做法

① 将熟土豆泥和熟胡萝卜泥混合在一起，装入碗中。

② 熟冬笋肉与熟香菇均切成细末。鸡蛋打入碗内，加部分姜末搅匀。

③ 炒锅烧热，倒入植物油，放入混合好的双泥，用手勺不停翻炒至松散。

④ 把双泥盛出，锅内加入余下的油烧至六成热，倒入加了姜末的蛋浆炒碎。

⑤ 再倒入炒好的双泥，拌炒均匀。

⑥ 随即加入盐、白糖、料酒、姜末、香菇末、冬笋末，翻炒均匀。

⑦ 至汁浓入味后倒入醋，放入味精，撒上胡椒粉，装盘即可。

客家
酿豆腐

难易度 ★ ★ ☆ ☆

🕐 **15 分钟**

▼ **主料**

嫩豆腐	1 块
里脊肉	100 克

▼ **配料**

小香葱	1 根
姜	1 片

▼ **调料**

生抽、牛肉粉	各适量

▼ **做法**

① 豆腐对角切开成四块三角形，肉切碎，姜、小香葱切末。将适量牛肉粉放入肉馅中。

② 加入 1 大匙生抽。

③ 放入葱末、姜末。

④ 顺着一个方向将肉馅搅拌均匀，备用。

⑤ 用筷子等工具在豆腐中心位置掏出一个小孔。

⑥ 将调好的肉馅酿入小孔中。

⑦ 蒸锅上汽后放入酿好的豆腐，蒸 8 分钟即可。

★ **制作关键** »

1. 酿豆腐也可以选用北豆腐，口感较老韧。

2. 酿好的豆腐可以按照家常豆腐的做法煎制，味道也很好。

3. 肉馅不要酿得过满，否则蒸制过程中会影响豆腐的造型。

豆腐丸子

难易度 ★ ★ ★ ☆

20 分钟

▼ 主料

豆腐	200 克
猪绞肉	300 克

▼ 配料

葱姜末	15 克
香菇	2 朵
胡萝卜	1/4 根
淀粉	15 克
蛋清	1 个
五香粉、胡椒粉	各 1 克
鲜味酱油	2 大匙
鸡精	1 克
香油	1/2 大匙
盐	4 克
花生油	适量

★ 制作关键 »
猪绞肉最好挑选肥瘦相间的，加上豆腐口感香而不腻。

▼ 做法

❶ 准备好猪绞肉。

❷ 肉馅中加入葱姜末，倒入酱油，放入五香粉、胡椒粉、鸡精、香油。

❸ 加入淀粉，倒入蛋清，充分搅拌均匀，腌渍 30 分钟至入味。

❹ 豆腐碾成泥，放入肉馅中。

❺ 将胡萝卜和香菇切末，放到肉馅中，同时加入盐搅拌均匀。

❻ 调味后的食材团成丸子。

❼ 锅中入油，烧至约 160℃，放入丸子炸至硬挺变色后捞出。

❽ 升高油温，至锅中没有响声，放入丸子复炸至金黄色，捞出沥油即可。

难易度 ★ ★ ☆ ☆

15 分钟

炸炒豆腐

▼ 主料

内酯豆腐	1 盒
青椒	50 克
熟笋片	10 克
面粉	20 克

▼ 调料

葱片、姜末	共 12 克
盐	3/5 小匙
味精	1/5 小匙
酱油	1 小匙
白糖	1/2 小匙
醋、料酒	各 1 小匙
鲜汤	800 克
水淀粉	10 克
植物油	800 克（实耗 35 克）

▼ 做法

❶ 将内酯豆腐切长方块，滚上面粉，放在盘中。

❷ 青椒去蒂、籽，洗净，切成片。

❸ 炒锅置旺火上烧热，倒入植物油烧至六七成热，放入豆腐块炸至表皮呈金黄色，倒出沥油。

❹ 炒锅内留少量植物油，放入姜末、葱片、笋片、青椒片略煸。

❺ 加入酱油、白糖、盐、味精、鲜汤、料酒，烧沸后用水淀粉勾芡。

❻ 倒入炸过的豆腐，迅速翻炒，淋入醋、明油，出锅装盘即成。

大葱烧
煎豆腐

难易度 ★ ★ ☆ ☆

🕐 **15分钟**

▼ 主料

豆腐	150 克
大葱	100 克
木耳	50 克

▼ 调料

盐、鸡精、生抽、花生油各适量

▼ 做法 ·····

① 将豆腐切成薄片。

② 将大葱切段，再切成粗条。

③ 将木耳撕成小朵。

④ 锅中放入花生油，放入豆腐片，煎至豆腐呈金黄色。

⑤ 锅中留有少许花生油，放入葱条爆香。

⑥ 放入煎豆腐煸炒，再倒入生抽调色。

⑦ 加入少量的水，进行煸炒。

⑧ 放入盐、鸡精调味，炒至主料熟透，出锅即可。

美食故事

所谓"豆腐要吃得烫"指的就是四川民间的笃（烧）豆腐，热辣滚烫的豆腐滋味浓烈、口感细腻，趁热吃才能体会到豆腐的鲜嫩。烧煎豆腐做好趁热吃，绝对是米饭"杀手"。

韭香豆干

难易度 ★ ☆ ☆ ☆

 10 分钟

▼ 主料

韭菜	150 克
豆干	200 克
红尖椒	20 克

▼ 调料

盐、鸡精、花生油、生抽 各适量

▼ 做法

① 将豆干切成条，备用。

② 将韭菜择去烂叶，洗净，切成段，备用。

③ 将红尖椒洗净，切成条，备用。

④ 锅中放入滚烫的沸水，放入豆干条焯水，捞出，冲凉，控水。

⑤ 锅中放入适量的花生油，放入韭菜段、红尖椒条煸炒至七成熟。

⑥ 放入豆干条煸炒，放入盐、鸡精、生抽调味调色，煸炒成熟，出锅即可。

★ 推荐理由 ★

香味浓郁，若是在初春时节烹制，味道最佳。

青蒜
鸡蛋干

难易度 ★ ★ ☆ ☆

10 分钟

扫码看视频

▼ 主料

| 鸡蛋干 | 1 袋 |
| 青蒜苗 | 2 根 |

▼ 配料

青椒	1 个
蒜子	3 个
鲜红辣椒	1 个

▼ 调料

| 酱油、盐、花生油 | 各适量 |

▼ 做法 ·····

❶ 长方形鸡蛋干对半切开，再斜线切开成三角形。

❷ 将三角形部分再分切成 3 ～ 4 份，待用。

❸ 青蒜苗洗净后切成寸段。

❹ 青椒去籽，切成方块。鲜红辣椒切成段。

❺ 炒锅烧热后加入少许油，放入鸡蛋干、蒜子煎至金黄。

❻ 青椒块、蒜苗段、鲜红辣椒段与煎好的鸡蛋干同炒，加入酱油、盐调味即可。

难易度 ★ ★ ☆ ☆

8 分钟

大煮干丝

▼ 主料

豆腐皮	2 张
小虾皮	1 把
胡萝卜	1 个
青菜	50 克

▼ 调料

盐	适量
姜片	10 克
浓汤宝	1 块

▼ 做法

① 豆腐皮折叠几层后切成细丝。

② 青菜洗净，切成细丝。胡萝卜切成丝。小虾皮用清水泡 2 分钟后捞出，沥干。

③ 切好的豆腐丝抖散，锅内水烧开后，放入豆腐丝焯半分钟，捞出，控干。

④ 锅内倒入水，加入适量盐、姜片煮开后，加入浓汤宝煮至化开。

⑤ 将青菜丝、胡萝卜丝、虾皮倒入煮好的汤中。

⑥ 大火煮开后倒入豆腐丝，煮 2 ~ 3 秒即可。

 制作关键 》 豆腐丝焯水时间不能太长，否则人软影响口感。

肉末茄条

难易度 ★ ★ ☆ ☆

15 分钟

▼ 主料

杭茄	3 根
猪肉	60 克

▼ 调料

蒜	3 瓣
葱姜末	10 克
青红椒末	15 克
淀粉	2 大匙
料酒、生抽	各 1 大匙
香醋	1/2 大匙
糖	1/4 大匙
盐	2 克
香油	1 小匙
花生油	300 毫升

▼ 做法

① 将杭茄洗净后切条，盆中放入清水，撒入一小撮盐，将茄条浸泡到清水里约 15 分钟。

② 将猪肉切末。准备好葱姜末、蒜末和青红椒末。

③ 将泡好的茄条攥干水，放入淀粉颠匀，使茄条均匀裹满淀粉。

④ 锅中倒入花生油，烧至八成热。将茄条投入锅中，炸数秒钟至茄条变成金黄色，立即捞出沥油。

⑤ 锅中放入 1 大匙花生油烧热，放入葱姜末、蒜末炒出香味，放入猪肉末炒至变色。

⑥ 烹入料酒、生抽，加入香醋和糖。

⑦ 放入茄条翻炒均匀。

⑧ 放入青红椒末，加入盐和香油，炒匀后关火即可。

制作关键 》

1. 茄子泡入盐水中能避免颜色发黑。

2. 炸制茄条要高油温，以免吸入过多的油。炸至变色即可，不要炸过头影响卖相和口感。

难易度 ★ ☆ ☆

⏱ 15 分钟

芫爆肉丝

▼ 主料

| 猪肉 | 100 克 |
| 香菜（切段） | 50 克 |

▼ 配料

香葱	10 克
红米椒（切碎）	1 个
生姜（切丝）	两片

▼ 调料

鸡精	2 克
盐	3 克
香油	1/2 小匙
胡椒粉	1/2 小匙
淀粉	适量

▼ 做法 ·····

 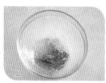

❶ 猪肉切丝，加入少许淀粉和 1 克盐，抓匀后腌制几分钟。

❷ 将剩余的盐、胡椒粉、鸡精和香油拌匀，调成料汁。

❸ 炒锅中加少许油，烧至三成热，放入肉丝快速滑散，变色之后捞出沥油。

❹ 另起锅加少许底油，烧热后放入香葱、姜丝爆香。

❺ 放入肉丝和香菜段迅速炒匀。

❻ 倒入调好的料汁，快速炒匀后装盘，撒上红米椒碎即可。

★ 制作关键 》

1. 时间允许的情况下，肉丝最好多腌制几分钟，可以更入味。

2. 滑炒肉丝时油温不能过高，否则会粘锅底，肉质也不够滑嫩。

3. 放入香菜后炒匀即可起锅，不要加热过久，否则颜色发暗。

4. 提前调好料汁，以免延误炒制时间。

蚝油里脊

难易度 ★ ★ ☆ ☆

🕐 **20分钟**

▼ **主料**

猪里脊	250 克
青椒	100 克

▼ **调料**

蒜粒、豆豉、蚝油、料酒、酱油、盐、味精、水淀粉、花生油各适量

▼ **做法** ············

① 猪里脊肉洗净，切成稍厚的片。

② 里脊肉片放碗内，加入料酒、酱油、水淀粉拌匀，腌制上浆，待用。

③ 豆豉剁成碎粒。青椒去蒂、籽，洗净，切成块。

④ 青椒块放入开水锅中焯烫一下，捞出沥干水。

⑤ 炒锅放油烧热，下蒜粒、豆豉粒爆香，放入里脊肉片炒散。

⑥ 加入青椒块、味精、蚝油、盐翻炒片刻，加少许水烧开。

⑦ 用水淀粉勾芡，炒匀，出锅即成。

川味水煮肉片

★★★☆☆
35分钟

▼ 主料

猪里脊	400 克

▼ 配料

郫县豆瓣酱	80 克
白芝麻	10 克
圆白菜	半个
水淀粉	20 克

▼ 调料

干红辣椒	10 克
花椒	30 粒

盐、白糖、蒜末、葱花、色拉油、辣椒油各适量

▼ 做法

① 将花椒焙香，研成花椒面。将白芝麻炒熟。圆白菜手撕成块。将猪里脊切成约 5 毫米厚的片，加入盐。

② 将水淀粉倒入腌好的猪里脊肉片内，抓匀。

③ 将郫县豆瓣酱剁碎。炒锅烧热后加入色拉油、葱花、干红辣椒和花椒 10 粒，爆香，放入剁好的郫县豆瓣酱，煸出红油，加清水。

④ 圆白菜与干红辣椒炒熟，出锅垫入盘底。

⑤ 炒锅中水开后将肉片分次放入并拨散。

⑥ 煮至变色成熟后捞出，置于炒好的圆白菜上，浇上部分汤汁，撒上花椒面、蒜末、熟芝麻，最后炝入辣椒油即可。

 制作关键 》 1. 最后淋入成菜的汤汁只要没过肉片就好，不用太多。

2. 垫菜使用的圆白菜也可用生菜、油麦菜等其他绿叶蔬菜代替。

锅包肉

难易度 ★★☆☆

20 分钟

▼ **主料**

猪里脊肉	400 克

▼ **调料**

葱丝	5 克
姜丝	4 克
香菜段	5 克
白糖	150 克
醋	100 毫升
番茄酱	50 克
水淀粉、花生油	各适量

▼ **做法** ·······················

❶ 将里脊肉切成长约 6 厘米、厚约 2 厘米的片，用水淀粉挂糊上浆，备用。

❷ 锅内放油，烧至六成熟，投入里脊肉片，炸透后捞出。

❸ 待油温升至八成热时复炸一次，捞出，沥油。

❹ 锅底留油，放入白糖、醋、番茄酱烧开。

❺ 放入里脊肉片，快速翻炒几下，烹入芡汁，翻拌匀，起锅盛盘，撒上葱丝、姜丝和香菜段即可。

酥炸
里脊排

难易度 ★ ★ ☆ ☆

 20 分钟

▼ 主料

里脊肉	300 克
鸡蛋	3 个
面包糠	200 克

▼ 调料

盐、鸡精、淀粉、花生油各适量

▼ 做法 ·········

❶ 将里脊肉切成正方形，再切成薄片。

❷ 将正方形的里脊肉片放入盛器中，放入盐腌制入味，备用。

❸ 把里脊肉片放在淀粉里涂抹均匀。

❹ 鸡蛋磕入盛器中打散，放入鸡精搅匀，把里脊肉片放进沾匀。

❺ 将面包糠撒在里脊肉片上面。

❻ 锅中放入花生油，把里脊肉片放进去炸至外表呈金黄色、内部熟透即可。

❼ 捞出里脊排放凉，切成块。

☀ 推荐理由 ☀

色泽金黄，皮酥肉嫩，是一道绝妙的下酒菜。

外婆红烧肉

▼ 主料

五花肉	1000 克

▼ 配料

慈姑	3 个
红腐乳	2 块
番茄沙司	2 小匙
柠檬	2 片
香葱段	250 克
姜	4 片

▼ 调料

八角、桂皮、冰糖、迷迭香、
色拉油各适量

难易度 ★ ★ ★ ☆

70 分钟

扫码看视频

▼ 做法

① 五花肉改刀切成 1 厘米见方的小块。

② 锅内加入清水,放入柠檬、八角、
五花肉块,烧至水开后撇去浮沫,捞
出控干水。

③ 慈姑去皮,切成滚刀块。红腐乳、
番茄沙司调和均匀,做成汁料后待用。

④ 炒锅烧热后,加入色拉油、冰糖
烧至化开,起青烟时放五花肉块翻炒
至糖色均匀。慈姑块放锅内同炒至糖
色均匀铲出。

⑤ 炒锅洗净后放色拉油,加香葱段、
姜片,放入五花肉块和慈姑块。汁料
内加热水,放锅中烧开,转小火炖制
1 小时即可。

湖南辣椒
小炒肉

难易度 ★ ★ ☆ ☆

 15分钟

▼ 主料

五花肉	100 克
青杭椒	100 克
红杭椒	100 克
蒜薹	100 克

▼ 调料

大蒜	20 克
花生油、老干妈风味豆豉、蚝油、	
生抽各适量	

▼ 做法

① 五花肉切片。蒜薹洗净，切段。

② 青杭椒、红杭椒斜切段，大蒜切片。

③ 起锅烧热花生油，煸熟五花肉。

④ 加蒜片略炒。

⑤ 放入青杭椒段、红杭椒段、蒜薹段煸炒。

⑥ 加入老干妈风味豆豉、蚝油、生抽调味炒熟即可。

★ 推荐理由 ★

此菜是湖南省传统名菜，成菜香辣爽口、肉香浓郁。

山芹五花肉土豆条

难易度 ★ ★ ☆ ☆

🕐 **20分钟**

▼ 主料

芹菜	150 克
五花肉	100 克
胡萝卜	50 克
土豆	150 克

▼ 调料

大蒜	5 克
大葱	10 克

盐、鸡精、花生油、生抽各适量

▼ 做法

① 将胡萝卜去皮，洗净，切成条。土豆去皮，洗净，切成条，备用。

② 将芹菜洗净，切成段，备用。

③ 将五花肉洗净，切成条，备用。

④ 大蒜切成蒜片，大葱切成葱花。

⑤ 锅中放入滚烫的沸水，放入土豆条、胡萝卜条焯水，捞出，冲凉，控水。

⑥ 锅中放入适量的花生油，放入葱花、蒜片爆香，放入五花肉条煸炒，放入生抽调色。

⑦ 放入胡萝卜条、土豆条、芹菜段煸炒，放入盐、鸡精调味，煸炒成熟，装盘即可上桌。

★ 推荐理由 ★

食材简单易得，色香味俱全，而且操作简单，特别适合初学者。

扫码看视频

土豆花肉烧豆角

▼ 主料

土豆	1个
四季豆、五花肉	各200克

▼ 调料

葱	1根
蒜	3瓣
干辣椒、八角	各2个
花椒	25粒
草果	1个
料酒	1大匙
生抽	2大匙
盐	1小匙
花生油	适量

▼ 做法

① 土豆去皮切块。四季豆去头尾、老筋,用手掰成段。五花肉切大块。花椒、八角和草果放入茶包袋。干辣椒切段,蒜切片,葱切段。锅中加少许油,烧热后放入切好的土豆块。

② 小火煎至土豆块微微泛黄且有些透明,盛出。

③ 另起锅,加少许油,油烧热后放入蒜片和干辣椒段。

④ 小火煸出香味后,放入五花肉块。

⑤ 炒至五花肉变色,倒入四季豆段。

⑥ 翻炒1分钟,倒入已经煎好的土豆块。

⑦ 放入干辣椒段和少许盐,加入料酒和生抽。

⑧ 炒匀后,再放入茶包袋和葱段。

⑨ 加入清水,水位至食材的2/3处。

⑩ 大火烧开后,转小火,加锅盖炖20分钟即可。

富贵红烧肉

难易度 ★ ★ ★ ☆

🕐 50 分钟

▼ 主料

五花肉	300 克
鹌鹑蛋	10 个

▼ 配料

姜	1 块
葱	1 节
八角	2 个
香叶	2 片

▼ 调料

红烧酱油	2 大匙
糖	1 小匙
花生油	适量

▼ 做法

❶ 五花肉洗净，切块。鹌鹑蛋煮熟，剥皮。姜切片，葱切段。锅烧热，加少许油，油热后放入五花肉块。

❷ 煸炒至五花肉块变色，加入红烧酱油。

❸ 翻炒均匀，加入糖，炒至糖化开，且均匀包裹住肉块。

❹ 将炒好的五花肉块倒入炖锅，加水没过肉块。

❺ 大火烧开，放入葱段、姜片、八角和香叶，转小火炖半小时。

❻ 放入鹌鹑蛋，继续炖 10 分钟左右，大火收汁即可。

 制作关键 »

1. 要选择肥瘦相间的五花肉，肥瘦比例大概 7：3。

2. 红烧酱油中含有糖分，所以根据个人口味调节糖的用量。

3. 大火烧开后，要转小火炖，随时注意汤汁，以免烧干。

红烧
狮子头

难易度 ★ ★ ★ ☆

70分钟

▼ 主料

猪五花肉500克，荸荠100克，
青菜50克，鸡蛋1个

▼ 调料

盐6克，味精2克，料酒20
克，酱油25克，水淀粉75克，
胡椒粉10克，糖色25克，
葱丝、姜丝共25克，蒜末10
克，植物油适量。

▼ 做法

❶ 猪五花肉洗净，青菜择洗净。荸荠去皮，洗净。
鸡蛋磕入碗中，打散。猪五花肉先切成小块，再
粗略剁成肉馅。荸荠剁成小颗粒。

❷ 将肉馅放入盆内，加入荸荠粒、鸡蛋液，调入
盐、胡椒粉、料酒、水淀粉搅拌均匀。

❸ 将肉馅做成4个大小相等的肉丸，放入七成热
的油锅中炸至表面呈金黄色，捞出沥油。

❹ 锅留底油烧热，下葱丝、姜丝、蒜末爆香。

❺ 将肉丸放入锅内，倒入适量清水，调入料酒、
酱油、糖色，烧沸后撇去汤面浮沫，改用小火炖
1小时。

❻ 锅入油烧至五成热，放入菜心滑熟，加入胡椒
粉、味精，勾芡，起锅倒入盛肉丸的锅中，大火
煮至汤汁收干即可。

制作关键 》 猪肉不要剁得太细，吃起来口感才会好。如果肥肉加太多，或是天气太热，
肉就会很软，不易成型，此时可以将肉放入冰箱冷冻一下，再取出整形。

生爆
盐煎肉

难易度 ★ ★ ☆ ☆

🕐 **20 分钟**

▼ 主料

| 五花肉 | 300 克 |

▼ 调料

青蒜	3 棵
郫县豆瓣	2 大匙
豆豉	5 克
盐	1/2 小匙

▼ 做法

① 五花肉切片（厚约 0.3 厘米）。青蒜斜切成马耳片。锅烧热后放入适量油，待油烧热，放入五花肉片略炒几下。

② 加少许盐，反复煎炒直到肉片出油。

③ 此时加入郫县豆瓣。

④ 再加入适量豆豉。

⑤ 翻炒至炒出红油。

⑥ 放入青蒜片，迅速翻炒几下。

⑦ 闻到青蒜的香味就可以关火，加少许盐调味即可。

 ≫

1. 选择肥瘦相间的五花肉，不喜欢吃肉皮可以去掉。

2. 郫县豆瓣中已经含有盐分，注意盐的用量一定要少。

3. 豆豉可以直接用，也可以稍稍用清水浸泡后再使用。

4. 青蒜炒至断生即可，不需要加热太久。

板栗红烧肉

难易度 ★ ★ ☆ ☆

🕐 35 分钟

▼ 主料

带皮五花肉	200 克
板栗	80 克

▼ 调料

冰糖、大葱	各 10 克
桂皮、香叶、八角	各 5 克
生抽、盐、鸡精、花生油、高汤	
各适量	

▼ 做法 ......

❶ 将带皮五花肉洗净，切成块。

❷ 准备桂皮、香叶、冰糖。

❸ 将大葱洗净，切成段。

❹ 板栗去壳，备用。

❺ 锅中放入适量的花生油，放入大葱段、桂皮、香叶、八角、冰糖爆炒。

❻ 放入五花肉块煸炒，放入生抽、盐、鸡精调味调色。

❼ 放入高汤、板栗炖至成熟，出锅即可。

★ 推荐理由

色泽红亮，香糯不腻，是秋冬季节进补的经典美味。

糖醋排骨

难易度 ★ ★ ★ ☆

 30 分钟

▼ 主料

排骨	350 克

▼ 调料

白糖	100 克
醋	50 克

葱末、姜末、盐、酱油、料酒、
淀粉、花生油各适量

▼ 做法 ··········

❶ 排骨洗净,剁成段,加盐、料酒、淀粉拌匀,腌制入味。

❷ 白糖、醋放碗内,加入酱油、料酒、淀粉及适量清水调成芡汁。

❸ 炒锅放油烧热,放入排骨,慢火炸至呈金黄色,捞出沥油。

❹ 炒锅留少许油烧热,下葱末、姜末爆香,倒入调好的芡汁烧开推匀。

❺ 放入炸好的排骨翻匀,使芡汁裹匀排骨。

❻ 淋入少许熟油,出锅即可。

★ **制作关键** ≫

1. 腌制时加入适量淀粉,可以使排骨肉质地鲜嫩。

2. 炸排骨时要用中小火慢炸,切记不要开大火,不然容易炸成外煳而内生。

3. 最后一步淋入熟油(也叫明油),可使菜肴有光泽,更漂亮。

难易度 ★ ★ ★ ☆

30 分钟

土豆烧排骨

▼ 主料

土豆	300 克
排骨	150 克

▼ 调料

葱段	20 克
姜片	15 克

盐、鸡精、白糖、料酒、老抽、花生油各适量

★ 推荐理由

此菜是一道经典家常菜，食材搭配合理，易于操作。

▼ 做法

❶ 排骨洗净，用刀斩成段。

❷ 锅中加水烧开，放入排骨段余水，捞出，洗去血污，控水。

❸ 土豆洗净，去皮，切成滚刀块。

❹ 锅中加水烧开，放入余好水的排骨段煮至八分熟，捞出。排骨汤倒入盛器中，备用。

❺ 锅中加花生油烧热，放入葱段、姜片、料酒爆锅。

❻ 再放入煮好的排骨段翻炒一下。

❼ 加入土豆块，倒入适量老抽煸炒上色。

❽ 倒入适量排骨汤，加入盐、鸡精、白糖调味，烧至熟透入味，出锅装盘即可。

蒸茄
拌肉酱

难易度 ★ ★ ☆ ☆

🕐 **15 分钟**

▼ 主料

嫩茄子	300 克
猪瘦肉末	100 克

▼ 调料

黄豆酱	75 克

葱花、姜末、蒜末、味精、料
酒、花生油各适量

▼ 做法

① 茄子去皮，洗净，切成条，放盘内。

② 茄条上锅蒸至熟烂，取出沥去水。

③ 炒锅放油烧热，下姜末、蒜末爆香，加
入肉末炒至变色。

④ 放入黄豆酱、葱花、料酒炒出香味。

⑤ 再加入少许清水、味精炒至熟透，制成
肉酱。

⑥ 将蒸好的茄条放入盘内，把炒好的肉酱
放在茄条上，食时拌匀即成。

 制作关键 》 茄子去皮切条后切面容易被空气中的氧气氧化而变黑，可以撒少许盐拌匀，就不容易变色了，还能提前入味，不影响后期的操作，但后面烹制时加盐的量要酌减。

难易度 ★ ★ ☆ ☆

15 分钟

小炒美容蹄

▼ 主料

猪前蹄	700 克
美人椒	50 克
杭椒	70 克
香芹	45 克

▼ 调料

盐	3 克
味精	5 克
鸡粉	3 克
白糖	3 克
生抽	5 克
香油	3 克
色拉油	25 克

柱侯酱、葱、姜、蒜、水淀粉
各适量

▼ 做法

① 锅内放凉水，把猪蹄煮熟透，剔骨。把剔骨肉切成条状，备用。

② 把美人椒、杭椒和香芹切成条状。

③ 葱切丝，姜、蒜切片。

④ 把切好的美人椒、杭椒和香芹过油，备用。

⑤ 热锅放油，加入葱丝、姜片、蒜片和柱侯酱爆香。

⑥ 放入美人椒条、杭椒条和香芹条一起煸炒，再放入猪蹄条翻炒，用水淀粉勾芡，加入盐、味精、鸡粉、白糖、生抽调味，起锅时加入香油。

台湾
卤猪脚

难易度 ★ ★ ★ ☆

120 分钟

▼ 主料

猪脚	1只（约 1000 克）

▼ 调料

生抽	1.5 大匙
米酒	1.5 大匙
老抽	1/2 大匙
冰糖	25 克
姜	50 克
香葱	30 克
大蒜	30 克
植物油	适量

▼ 做法 ··········

❶ 猪脚去毛，洗净斩成块。姜切片，大蒜去皮，香葱打成结。锅入水烧开，放入猪脚氽烫至水再次沸腾，捞起，放入冷水中冲洗干净。

❷ 锅入油烧热，放入猪脚块。

❸ 小火翻炒至肉皮紧缩时，放入姜片、香葱结、大蒜炒出香味。

❹ 锅内倒入适量清水，加入生抽、老抽、米酒，大火烧开，熄火。

❺ 将猪脚块及汤汁移入深锅内，再放入冰糖。

❻ 加盖，用小火慢慢煮制，中途翻动几次，待汤汁收至浓稠时即可起锅。

★ 制作关键 》 这道菜的秘诀在于，放入的水量要比正常卤肉少一半。这样收汁的时候就更容易入味，煮出来的猪脚皮清爽、滑嫩入味，且煮的时间也不需太长。

黑胡椒牛柳

难易度 ★ ★ ★ ☆

20 分钟

▼ 主料

嫩牛肉	300 克
洋葱	1/2 个
红辣椒丝	80 克

▼ 调料

A: 酱油、水、淀粉、小苏打各适量

B: 酱油、料酒、黑胡椒、白糖、盐、高汤各适量

C: 蒜末	15 克
红葱末	5 克
盐	少许
植物油	1 杯

▼ 做法

① 牛肉逆纹理切成丝。洋葱切丝。

② 调料 A 调匀，放入牛肉丝抓拌均匀，腌 30 分钟。

③ 锅中加油烧至八成热，放入牛肉丝过油至九成熟，捞出。

④ 炒锅洗净，置火上，加油烧热，放入洋葱丝炒香，加少许盐调味。

⑤ 放入红辣椒丝炒数下，一起盛出放在盘中。

⑥ 另起油锅，炒香蒜末和红葱末，加入调料 B 炒至浓稠，成黑胡椒酱。

⑦ 将一半黑胡椒酱淋在洋葱丝上。

⑧ 再将牛肉丝入锅中拌炒一下，加入剩余的黑胡椒酱，盛放在洋葱丝上即可。

兰度牛柳

难易度 ★ ★ ☆ ☆

15 分钟

▼ 主料

牛柳	450 克
芥蓝	250 克
彩椒条	5 克

▼ 调料

黑胡椒碎、味精、白糖、黑胡椒粉、美极鲜、生粉、盐、植物油各适量

▼ 做法 ·······

① 把牛柳切条，放入调料腌制，备用。

② 把芥蓝切段后改十字花刀。

③ 锅中放植物油烧至八成热，下入牛柳条炸熟。

④ 把芥蓝焯水。

⑤ 锅内倒植物油，放入彩椒条炒香，下入牛柳条翻炒。

⑥ 再放入芥蓝段煸炒片刻，加少许盐调味。大火收汁，勾芡即可。

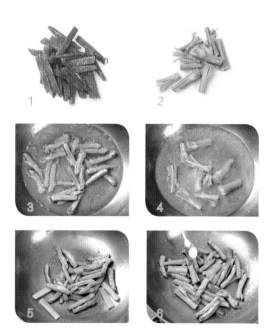

难易度 ★ ★ ★ ☆

50 分钟

啤酒牛肉锅

▼ 主料

牛肉、牛筋	各 300 克

▼ 配料

胡萝卜	1 根
洋葱	2/3 个
姜	1 块
蒜	5 瓣
干辣椒	5 个

▼ 调料

料酒、糖、生抽、黑啤、番茄酱、花生油各适量

▼ 做法

① 牛肉、胡萝卜、洋葱分别切大块，姜、蒜切片。锅中烧足量水，水开后放入洗净的牛筋余烫。

② 余烫后的牛筋洗去表面浮沫，切大块。

③ 将牛筋块放入高压锅。

④ 加入料酒、生抽和干辣椒，加压 15 分钟。

⑤ 另起锅加适量油，放入姜片、蒜片炒香。

⑥ 闻到香味后加入牛肉块翻炒。

⑦ 变色后放入已经处理过的牛筋块。

⑧ 再放入胡萝卜块，加入生抽、糖和番茄酱。

⑨ 最后倒入黑啤，大火煮开，转小火炖 20 分钟，放入洋葱块，炖至汤汁浓稠即可。

胡萝卜
炖牛尾

难易度 ★ ★ ★ ☆

120 分钟

▼ 主料

牛尾中段	250 克
胡萝卜	250 克

▼ 调料

葱段、葱花、姜片、八角、黄酒、蒜瓣、香油、酱油、水淀粉、味精、盐各适量

▼ 做法 ....

① 牛尾斩段，用清水浸泡 1 小时，放入沸水锅中氽一下，捞出。

② 牛尾段放入砂锅中，加水，大火煮沸，撇去浮沫，加黄酒。

③ 小火煨 40 分钟后加入葱段、姜片、八角、黄酒、蒜瓣、盐、酱油，继续用小火煨煮成卤汁，备用。

④ 胡萝卜切成片，与牛尾间隔整齐地码放入蒸碗内，倒入过滤好的卤汁。

⑤ 将蒸碗上笼，用大火蒸 5 分钟后取出，倒出蒸肉原汁。

⑥ 将倒出的原汁放入另一锅内，上火烧开，用水淀粉勾薄芡，淋香油，撒葱花、味精，浇在蒸碗内即成。

难易度 ★★★☆

35 分钟

东坡羊肉

▼ 主料

羊腿肉 400 克，土豆 200 克，
胡萝卜 80 克，青蒜 50 克

▼ 配料

A：生抽、料酒各 2 大匙，蚝油
4 大匙，冰糖 12 克

B：高汤 2 杯，植物油 4 大匙，
姜 5 片，大蒜 5 瓣，桂皮 20
克，八角 4 个

▼ 准备工作

羊腿肉洗净，带骨斩成块。土豆、
胡萝卜分别去皮，洗净切丁。青
蒜分开蒜青、蒜白，分别切段。

▼ 做法

① 锅入 3 大匙油烧至 170℃，放入羊肉块，
大火炸至表面酥脆，捞出沥油。

② 将土豆块、胡萝卜块放入油锅内炸至表
面金黄，捞出备用。

③ 另起锅，放 1 大匙油，冷油放入姜、蒜
炒香，放入炸好的羊肉块翻炒均匀。

④ 放入八角、桂皮，倒入高汤。

⑤ 大火烧开后，放入调料 A。

⑥ 盖上锅盖，转小火煮至羊肉熟透，再放入
炸好的土豆块、胡萝卜块，继续用小火焖煮。

⑦ 待汤汁收至 1/4 时，放入蒜白段，略翻
炒一下，再放入蒜青段。

⑧ 最后将成品移至砂锅内，烧开即可。

西芹鸡柳

难易度 ★ ★ ☆ ☆

🕐 10 分钟

▼ 主料

鸡胸肉	1 块
西芹	2 根

▼ 配料

胡萝卜	1/2 根
玉米淀粉	2 小匙

▼ 调料

细砂糖	1 小匙
生抽	1 大匙
陈醋	1 小匙
黑胡椒粉	1/2 小匙
植物油	少许

▼ 准备工作

鸡胸肉洗净，切成 8 厘米左右的细条。西芹洗净，切段。胡萝卜去皮，切菱形块。

▼ 做法

❶ 切好的鸡胸肉放入碗中，加入 1 大匙生抽。

❷ 加入 1 小匙陈醋。

❸ 再加入 1 小匙细砂糖。

❹ 根据自己的口味加入少许黑胡椒粉。

❺ 最后加入 1 小匙淀粉。

❻ 用手抓匀，腌制半小时左右。

❼ 锅烧热，放少许植物油，油热后放入腌制好的鸡胸肉条。

❽ 用锅铲迅速滑散，翻炒至鸡肉条变色，放入西芹段和胡萝卜块，继续翻炒 1 分钟左右即可。

 制作关键 》 如果采用冻鸡肉，要充分解冻后再做下一步处理，腌制前充分沥干水。鸡肉腌制的时间越久越入味，最好提前腌制。

难易度 ★ ★ ☆ ☆

20 分钟

木耳
鸡碎米

▼ 主料

鸡腿	3 只
泡发的木耳	100 克

▼ 配料

尖椒	1 个
红椒	1 个
淀粉	2 小匙

▼ 调料

复合调味料	1 小匙
蚝油、花生油	各适量
盐	1/2 小匙
糖	1/2 小匙
料酒	1 小匙

扫码看视频

▼ 做法

① 鸡腿去骨，切碎，成鸡肉粒。鸡肉粒中加入 1 小匙料酒。

② 加入 1 小匙复合调味料。

③ 加入适量蚝油。

④ 加入少许淀粉。

⑤ 充分抓匀，腌制 15 分钟。

⑥ 锅中加入适量油，烧热后放入腌好的鸡肉粒。

⑦ 一边滑散一边炒，炒至鸡肉粒变色。

⑧ 木耳切成碎，加入木耳碎，炒 1 分钟。尖椒、红椒切成碎。

⑨ 再加入尖椒碎、红椒碎，翻炒均匀即可。

 制作关键 》 复合香料也可以用五香粉代替。加入淀粉可以使鸡肉口感更嫩。木耳尽量切碎，与鸡肉粒差不多大小。香料和蚝油中均有盐分，注意减少盐的用量。

干豆角炒鸡

难易度 ★ ★ ☆ ☆

🕐 20 分钟

▼ 主料

嫩鸡	450 克
干豆角	150 克
青椒	1 个
红椒	1 个

▼ 调料

鸡精、白糖各 1/2 大匙，料酒
2 大匙，姜 10 克，蒜 5 瓣，
植物油适量，生抽 3 大匙

▼ 准备工作

鸡肉洗净，切块。姜、蒜均洗
净，切片。青椒、红椒去蒂、
籽，洗净切块。

▼ 做法

① 干豆角提前用凉水泡发半小时，冲洗干
净，切成 10 厘米长的段。

② 锅入油烧热，放入干豆角段，调入生抽
翻炒均匀，盛出备用。

③ 锅入油，冷油放入姜片、蒜片炒香。

④ 倒入鸡块。

⑤ 中火炒至鸡块明显缩小、鸡皮的油脂
出来。

⑥ 倒入料酒，烧至汁干。

⑦ 再放入干豆角段，调入生抽、白糖，倒
入清水。

⑧ 大火煮开后，转小火煮至水干，再放入
青椒块、红椒块，调入鸡精，翻炒至断生
即可。

宫保鸡丁

▼ 主料

鸡腿	2 个
花生米	40 克
干红辣椒段	30 克

▼ 调料

A：蛋白液 1/2 个

    盐 1/8 小匙

    料酒、玉米淀粉、清水各 1 小匙

B：生抽 2 大匙

    陈醋、高汤 各 1 大匙

    老抽、料酒 各 1 小匙

    砂糖 1.5 小匙

    盐 1/8 小匙

    鸡精、味精 各 1/2 小匙

C：水淀粉

    （玉米淀粉 2 小匙 + 清水 3 大匙）

    香油 1/2 小匙

    生姜、大蒜 各 5 克

    大葱段 10 克

    花生油 适量

▼ 准备工作

生姜、大蒜剁成蓉，大葱切成小段。

▼ 做法

❶ 鸡腿去骨取肉，将鸡腿肉先切十字花刀，再切成丁。

❷ 将鸡肉丁用调料 A 抓匀，腌制 15 分钟。

❸ 炒锅内放入香油、花生油，放入花生米，冷油小火炸至花生米呈微黄色，捞出沥油，放凉后去皮。

❹ 锅内油烧至四成热，放入腌好的鸡肉丁滑炒至变色，捞起备用。

❺ 锅留底油烧至四成热，放入干红椒段炸至呈棕红色，再下入姜、蒜、葱段炒出香味。

❻ 锅内放入炒好的鸡肉丁，再倒入调好的调料 B，大火炒匀。

❼ 再加入花生米翻炒均匀。

❽ 倒入水淀粉勾薄芡，炒匀即可。

难易度 ★ ★ ★ ☆

50 分钟

扫码看视频

重庆辣子鸡

▼ 主料

嫩子鸡	1/2 只（约 350 克）
干红椒	30 克

▼ 调料

A：盐	1/4 小匙
生抽、料酒	各 1 大匙
B：砂糖	1 小匙
生抽、香醋、香油	各 1 大匙

▼ 准备工作

嫩子鸡带骨斩成块。干红椒切段。姜切丝，蒜剁成蓉，香葱切成段。白芝麻入锅炒香。

鸡精	1/2 小匙
姜	20 克
蒜	15 克
香葱	10 克
白芝麻	适量
色拉油	3 大匙

▼ 做法

❶ 将鸡块放入碗中，用调料 A 拌匀，腌制 30 分钟（时间越长越入味）。

❷ 锅入油烧至 170℃，放入鸡块炸至表面呈微黄色，捞起，放凉片刻。

❸ 锅内的油再次加热至 180℃，将鸡块倒入油锅复炸 1 分钟，捞出沥油。

❹ 锅留底油烧热，放入干红椒段、姜丝、蒜蓉煸炒至出香味。

❺ 下入炸好的鸡块，放入生抽、砂糖、香醋、鸡精，倒入 1 大匙清水，翻炒均匀。

❻ 炒至水分收干时，加入香葱段，淋上香油，撒上炒香的白芝麻即可。

香芋炒鸡柳

▼ 主料

鸡柳	200 克
鸡蛋	1 个
香芋	200 克
青尖椒条	10 克
红尖椒条	10 克

▼ 调料

蒜片	5 克

盐、鸡精、椒盐、花生油、淀粉、料酒
各适量

难易度 ★ ★ ★ ☆

 30 分钟

▼ 做法

① 将鸡柳切成细条，洗净，备用。

② 将鸡柳条放入盛器中，放入盐、鸡精、料酒腌制调味。

③ 盛器中打入鸡蛋，放入淀粉搅拌成糊状，放入腌制的鸡柳条，裹沾均匀。

④ 锅中放入花生油烧至六成热，将裹沾好糊的鸡柳条放入锅中。

⑤ 炸至鸡柳条为金黄色后捞出。

⑥ 将香芋去皮，洗净，切成条。

⑦ 锅中放入花生油烧至六成热，放入香芋条炸至金黄色，捞出。

⑧ 锅中放入适量的花生油，放入青尖椒条、红尖椒条、蒜片炒香。

⑨ 放入炸好的香芋条翻炒成熟，撒上椒盐即可。

蒜子薯条煸鸡翅

难易度 ★ ★ ★ ☆

 25 分钟

▼ 主料

鸡翅	200 克
土豆条	200 克
蒜子	10 克

▼ 配料

| 葱段 | 2 克 |
| 干辣椒段 | 10 克 |

盐、鸡精、花生油、白糖、椒盐各适量

▼ 做法 ....

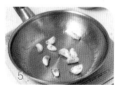

① 将鸡翅剁成块，备用。

② 将剁好的鸡块放入盛器中，放入盐、白糖腌制入味。

③ 锅中放入花生油，放入土豆条炸至金黄色。

④ 锅中留少许的花生油，放入蒜子炒香。

⑤ 将蒜子煎至金黄色。

⑥ 放入干辣椒段、葱段、土豆条进行翻炒。

⑦ 放入鸡块翻炒均匀。

⑧ 放上盐、鸡精、白糖、椒盐调味，炒至入味，装盘即可。

推荐理由

此菜将肉香、蒜香、椒香融于一体，酥香味美，口感丰富。

豆豉香煎鸡翅

难易度 ★ ★ ★ ☆

25 分钟

▼ 主料

鸡翅中	5 个

▼ 配料

青椒	1 个
香芹	2 根
干红辣椒	3 个
蒜子	8 个

▼ 调料

辣豆豉	2 小匙
蚝油	2 小匙
色拉油	适量

扫码看视频

▼ 做法

❶ 平底锅烧七成热放入鸡翅，使鸡皮面朝下。

❷ 待鸡翅变成焦黄色后再翻面，并放入蒜子同煎至金黄。

❸ 香芹择好洗净，切成寸段。

❹ 青椒去蒂、籽，切块。

❺ 炒锅烧热后入少许色拉油，放入青椒块煸炒，铲出备用。

❻ 炒锅内重新加入 10 克色拉油，放入蒜子煸香。

❼ 煸香的蒜油内加入辣豆豉、蚝油调匀。

❽ 放入干红辣椒炒匀后加入清水，待汤汁烧开后加入鸡翅，烧至汤汁浓稠时加入青椒块、香芹段翻炒均匀即可。

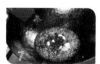

 制作关键 ≫ 煎制鸡翅时无需放油，让鸡翅内油脂通过加温慢慢释放出来，用自身油脂将鸡翅煎熟。

難易度 ★ ★ ★ ☆

20 分钟

砂锅干豆角焗鸡腿

▼ 主料

去骨鸡腿	1 只
干豆角	200 克

▼ 配料

蒜子	6 个
香菇	3 个
小干洋葱	2 个

▼ 调料

八角	1 个
桂皮	1 块
冰糖	40 克
酱油	1 小匙
蚝油	2 小匙

美食故事 用鸡腿内自身油脂将其煎制金黄，绝对是一款少油菜品，非常适合天天喊减肥又无法抗拒美食诱惑的姐妹们。

▼ 做法

❶ 干豆角提前 4 小时用温水泡发。平底锅烧热后放入鸡腿肉，鸡皮面朝下，放入蒜子中火煎制。

❷ 鸡皮面煎至彻底离开锅底时，轻轻翻面至呈金黄色。

❸ 将其两面全部煎好后改刀成一指宽条。

❹ 泡发好后的干豆角改刀切成寸段，待用。

❺ 香菇、小干洋葱、干豆角段一同放置在小砂锅内。

❻ 依次将酱油、蚝油、冰糖、清水加入砂锅内，同时放入八角、桂皮，大火烧至汤汁浓稠即可。

红烧鸡块

难易度 ★ ★ ★ ☆

20 分钟

▼ 主料

净鸡　　　　　　　300 克

▼ 调料

大葱段　　　　　　10 克

八角　　　　　　　5 克

姜片　　　　　　　2 克

盐、鸡精、花生油、白糖、老
抽、水淀粉各适量

▼ 做法 ································

① 将鸡剁成块，洗净。

② 将剁好的鸡块放入滚烫的沸水中余水，捞出，
洗净血污。

③ 锅中放入少量的花生油，放入大葱段、八角
爆香。

④ 放入鸡块进行翻炒。

⑤ 放入老抽、白糖、鸡精、盐调色调味。

⑥ 大火烧开转小火烧至入味，收汁。

⑦ 淋入水淀粉勾芡。

⑧ 出锅装盘即可。

★ **推荐理由** ★

鸡肉肉质细嫩，滋味鲜美，营养丰富。

難易度 ★★★☆

60 分钟

豉油皇鸡

▼ 主料

嫩子鸡	1/4 只（约 350 克）

▼ 调料

色拉油	2 大匙
生抽	3 大匙
老抽	1 大匙
高汤（或清水）	2 杯
冰糖	15 克
姜片、香葱段	各 20 克
香叶	3 片
草果	1 颗
桂皮、八角	各 5 克

扫码看视频

▼ 做法

① 锅入油烧热，放姜片、香葱段、桂皮炒出香味。

② 倒入高汤（或清水），加入剩余的调料，大火煮开后，转小火煮约 15 分钟至出香味。

③ 将煮好的汤汁倒入深锅内，放入嫩鸡，小火煮约 20 分钟，中途翻面 2 次，使鸡肉两面均匀上色。

④ 煮的时间不宜过长，20 分钟后鸡熟即可。

 制作关键 》

1. 鸡下锅后要小火慢煮，把鸡完全浸熟即可，煮过头口感略差。鸡肉煮好熄火后，在锅里浸一段时间更入味。

2. 煮过鸡的豉油汤还可以用来卤其他肉类或豆制品，也可以在煮菜时当生抽用。判断鸡是否熟了，用筷子在鸡腿肉最厚的位置插入，如无血水流出即表示熟了。

麻辣鸡翅

难易度 ★ ★ ★ ☆

45 分钟

▼ 主料

鸡翅   350 克

▼ 调料

A：生抽、料酒各 1 大匙，糖 1/2 小匙，
盐 1/4 小匙，红油 2 大匙

B：生抽、四川麻辣火锅底料各 1 大
匙，糖 1/2 小匙，香醋 1 小匙，
大蒜（切片）5 瓣，姜 5 片，八
角 2 个，干红椒 15 克，花椒
5 克

▼ 做法

❶ 鸡翅斩成小块，用调料 A 拌匀腌制
15 分钟。

❷ 锅内烧热油，放入腌好的鸡块，中
小火翻炒至鸡块表面金黄、出油脂，
盛出备用。

❸ 锅留底油烧热，放入姜片、蒜片爆
炒出香味。

❹ 再放入红椒、花椒炒至出香味。

❺ 倒入鸡块，调入生抽、糖、香醋、
火锅底料，倒入清水（水量至鸡翅的
1/3 处）。

❻ 大火煮开后转小火，盖上锅盖焖制
约 20 分钟，打开锅盖，煮至水分收干
即可。

滑炒鱼片

难易度 ★ ★ ☆ ☆

 15 分钟

▼ 主料

鲜鱼	300 克
青豆	适量
水发木耳	适量

▼ 调料

鸡蛋清	1 个

葱丝、姜丝、盐、料酒、水淀粉、
鲜汤、香油、色拉油各适量

▼ 做法

① 将鲜鱼处理好，切成片，加盐、料酒、水淀粉、蛋清拌匀，入味上浆。

② 炒锅放油烧至五成热，下鱼肉片滑散至八成熟，倒出沥油。

③ 炒锅留少许油烧热，下葱丝、姜丝爆香，烹入料酒。

④ 放入鱼肉片，加盐及少量鲜汤烧开。

⑤ 用水淀粉勾芡，淋上香油，出锅即成。

★ 制作关键 》 鱼片滑油时油温不可过高，五成热即可，油温高了鱼片表面容易变焦，就会失去滑嫩的口感。

香煎鲈鱼

10 分钟

▼ 主料

鲈鱼	500 克

▼ 调料

葱	50 克
姜	50 克
盐	5 克
味精	6 克
白糖	5 克
生抽	5 克
植物油	25 克
彩椒粒	5 克

▼ 做法

❶ 把鲈鱼清洗干净,从背部开一刀,洗净。

❷ 把葱、姜切碎,加入除彩椒粒外剩余的调料搅拌均匀,倒在鱼身上,腌制 2 小时。

❸ 取出腌制好的鱼,放入煎锅中煎至两面金黄,放入少许的生抽煎干,放入彩椒粒和葱花即可。

★ 推荐理由 ★

煎制的鲈鱼肉香味美、色泽诱人,是一款简单易做的美味佳肴。

★ ★ ☆ ☆ ☆

20分钟

茄子
焖鲈鱼

▼ 主料

鲈鱼	1 条
长条茄子	2 个

▼ 调料

盐、姜片	各 5 克
白糖	8 克
大蒜	10 瓣
醋	8 克
花生油	适量
葱段、豆瓣、料酒、酱油各 10 克	

▼ 做法 ·····

① 鲈鱼去鳃、内脏，洗净，在鱼背上切几刀。

② 茄子洗净，切成条。

③ 锅中放油加热，放入大蒜瓣，炸至金黄时捞出。

④ 茄条过油，捞起沥油。

⑤ 锅中倒油烧热，放入鲈鱼，将鱼两面煎好，捞出待用。

⑥ 锅内放入葱段、姜片、豆瓣煸炒，再放入盐、酱油、醋、料酒、白糖。

⑦ 放入鲈鱼、茄条，翻炒几下，再加入清水和炸好的大蒜瓣，用小火煮开。

⑧ 煮2分钟，待汤汁浓厚时即可起锅。装入大碗中，撒上葱段即可。

清蒸鲈鱼

难易度 ★★☆☆

⏱ 30 分钟

▼ 主料

鲈鱼　　　　　1 条（约 400 克）

▼ 调料

A：生抽　　　　　　　1.5 大匙

　　细砂糖　　　　　　1.5 小匙

　　鸡精、白胡椒粉各 1/4 小匙

　　凉开水　　　　　　1 大匙

B：植物油　　　　　　1 大匙

　　姜、葱　　　　　各 10 克

▼ 做法

① 姜切丝。葱一半切段，一半切葱花。鲈鱼开膛去内脏，刮净鱼鳞，洗净，在鱼背部割一刀，放入盘中。

② 在鱼肚及鱼身放上姜丝、葱段。

③ 将调料 A 在碗内混合均匀，倒入锅内，烧至砂糖全部化开，做成料汁。

④ 锅入水烧开，将鱼放在锅内笼箅上，大火蒸 10 ~ 12 分钟。

⑤ 取出蒸好的鱼，拣去姜丝、葱段，倒出盘内蒸出来的水，重新摆上葱花。

⑥ 锅入油烧热，趁热将油浇在鱼身上，再将做好的料汁淋在鱼旁边即可。

 制作关键 》

1. 制作蒸鱼要购买新鲜的活鱼，买回后放置 20 分钟再用于烹制。

2. 视鱼的大小不同蒸制时间也不相同，用筷子在鱼背肉最厚的地方能轻松插入即表示鱼熟了。

難易度 ★★☆☆

10分钟

干炸沙丁

▼ 主料

沙丁鱼	500 克

▼ 调料

料酒	2 大匙
盐	3/4 小匙
葱姜片	15 克
色拉油	700 毫升
生面粉	适量

▼ 炸糊

鸡蛋	1 个
面粉	50 克
水	适量
色拉油	1 大匙

① 沙丁鱼洗净，去鳃、鳞和内脏，用料酒、盐和葱姜片腌渍入味。

② 将鱼身裹上一层生面粉，备用。

③ 全蛋、水和面粉入容器中，加1大匙色拉油调成炸糊。

④ 锅中放油烧至六七成热，转小火，逐个将沙丁鱼挂糊，入锅炸制。

⑤ 炸至定型，捞出。

⑥ 开大火，将沙丁鱼复炸一遍（约1分钟），至鱼酥脆，捞出沥油即可。

 制作关键 ≫

1. 沙丁鱼不去头是为了保证卖相，也可以将头剪掉。

2. 炸糊不要太厚，否则影响口感和美观。

3. 调炸糊的时候徐徐倒入水，直至炸糊用筷子捞起后呈线状滴下为宜。

醋焖
黄花鱼

难易度 ★ ★ ★ ☆

20分钟

▼ 主料

黄花鱼	1 条

▼ 调料

葱姜片	15 克
盐	3/4 小匙
葱姜蒜片	20 克
料酒	2 大匙
盐	1/4 小匙
生抽	2 大匙
香醋	3 大匙
香葱末	5 克

▼ 做法

① 黄花鱼洗净、去鳞，备用。

② 在鱼的肛门处割一小口切断鱼肠，从鳃部伸进一根筷子，在腹部搅一下，将内脏连同鱼鳃一起拽出。在背部打花刀，用盐和料酒腌渍 15 分钟入味，表面放葱姜片。

③ 将锅烧至足够热，倒入凉油，放入黄花鱼，中小火煎至两面金黄。

④ 另起一锅，烧热后放油，煸香葱姜蒜片。

⑤ 加入料酒、生抽和香醋，放入 300 毫升的水，放盐调味。

⑥ 将煎好的鱼移进锅里，大火烧开，小火焖制 8 ~ 10 分钟。待将汤汁收浓，将鱼滑到盘中，点缀香葱末即可。

 制作关键 》 不开膛去内脏是为了保证鱼形完整。热锅凉油才不容易粘锅。下锅后不要急于翻动，否则鱼皮易破，煎到能轻松推动时再翻身。

五香小黄花

难易度 ★★ ☆ ☆

⏱ 15 分钟

▼ 主料

小黄花	8 条

▼ 调料

生抽	2 大匙
盐	3/4 小匙
料酒	1 大匙
胡椒粉	0.5 克
葱姜片	15 克
五香粉	1/2 小匙
花生油	适量

▼ 做法

❶ 小黄花洗净。

❷ 将小黄花的鳃部翻开，将中间相连的部分用剪刀剪开。

❸ 从鳃部用筷子伸到鱼肚子里，绕几下，将鳃揪掉，连鱼肠一块儿搜出，将鳃部开口处的脏物清理干净。

❹ 去除鱼鳞，鱼身剞一字花刀，加入生抽、料酒、盐、胡椒粉和葱姜片，腌渍 15 分钟。

❺ 腌好的小黄花吸净水分，备用。

❻ 锅入油，烧至六七成热，放入鱼炸制，至鱼身定型硬挺后捞出，待油温升高至八成热，复炸一遍至金黄色。

❼ 捞出沥油，用吸油纸吸掉多余油脂。

❽ 装盘，趁热均匀筛上五香粉即可。

干烧平鱼

难易度 ★ ★ ★ ☆

20 分钟

▼ 主料

平鱼	1 条
笋丁	30 克
香菇丁	30 克
青椒丁	30 克
五花肉丁	60 克

▼ 调料

葱姜蒜片	30 克
盐（腌渍用）	1/4 小匙
葱姜片	15 克
清汤	100 毫升

水淀粉、郫县豆瓣、生抽、醋、糖、
料酒、盐、鸡精、花生油各适量

▼ 做法

❶ 平鱼去内脏，剞十字花刀，浇上料酒，撒盐，
放上葱姜片，腌渍 15 分钟。

❷ 准备好葱姜蒜片、笋丁、香菇丁、青椒丁和
五花肉丁。

❸ 将锅中倒油，平鱼腌好后拭干水分，待油温
烧至七成热，放入平鱼炸成金黄色。

❹ 将鱼捞出，备用。

❺ 锅中留底油，下郫县豆瓣 1 大匙煸出红油，
放入五花肉丁煸至变色，放入葱姜蒜片，翻炒。

❻ 放入笋丁、香菇丁和青椒丁，翻炒，烹入料酒、
生抽、醋，加入清汤，放入糖、盐、鸡精调味。

❼ 放入平鱼，烧 10 分钟，入味后将鱼翻身。

❽ 将步骤❷的食材和汤汁浇到鱼身上，入味。

❾ 鱼充分烧至入味后从锅中盛出，加入水淀粉，
将汤汁收干。

❿ 将所有食材浇到鱼身上即成。

鲇鱼烧茄子

难易度 ★ ★ ☆ ☆

 20 分钟

▼ 主料

| 鲇鱼 | 400 克 |
| 茄子 | 300 克 |

▼ 调料

盐、味精、胡椒粉、白糖、料酒、醋、酱油、葱片、姜片、蒜片、熟猪油、高汤各适量

▼ 做法

① 将鲇鱼处理好，洗净，切块。

② 鲇鱼块下开水锅氽水，捞出沥干。再将鲇鱼块放入八成热油锅内炸至呈微黄色，捞出控油。

③ 茄子洗净，切块备用。

④ 锅内加熟猪油烧热，下入葱片、姜片、蒜片爆香，加高汤烧沸。

⑤ 下入鱼块、茄块，烹料酒、酱油、醋炖 25 分钟。

⑥ 锅中入白糖、盐、味精、胡椒粉，再炖 5 分钟即可。

清蒸带鱼

难易度 ★ ★ ☆ ☆

 25 分钟

▼ 主料

新鲜带鱼　　　　　750 克

▼ 调料

葱段、姜片、盐、料酒各适量

✿ 推荐理由

口感清爽，鲜味十足，是
原汁原味的带鱼吃法。

▼ 做法

① 将带鱼去内脏，洗净。

② 带鱼切成长段，摆放盘中，加葱段、
姜片、料酒、盐腌制入味。

③ 腌好的带鱼放入蒸笼箅子上，隔水
旺火蒸约 20 分钟。

④ 蒸至鱼肉熟、色洁白时取出，去掉
葱段、姜片即成。

 ≫ 带鱼表面那层银白色物质是一种油脂，本身没有腥味，而且有一定的保健
价值，所以不要去除为宜。且挑选带鱼时以选银白色有光泽的为佳，不要
购买已变黄的。

干煎带鱼

难易度 ★ ★ ☆ ☆

 10 分钟

▼ 主料

新鲜带鱼	1 条

▼ 调料

盐	3/4 小匙
胡椒粉	0.5 克
料酒	2 大匙
葱姜片	15 克
淀粉	20 克
姜丝、红椒丝（点缀用）	共 8 克
花生油	适量

▼ 做法

① 将带鱼去头和内脏，洗净切段，备用。

② 在带鱼段上切梳子花刀，加入盐、胡椒粉、料酒和葱姜片，腌渍 15 分钟。

③ 锅烧热后加入 1 大匙油，将带鱼段裹淀粉，下锅煎制。

④ 煎至能推动后翻面，至两面金黄，烹入 1 大匙料酒，盖锅盖，稍微焖一下，收干水。

⑤ 盛出摆盘。留底油，将姜丝和红椒丝煸香，点缀在刀鱼上即可。

★ 制作关键 》

1. 鱼眼亮、鱼鳞鱼肚完整、鱼鳃红——同时具备这几个特征，就说明鱼比较新鲜。

2. 煎鱼要想不破皮，记得裹上层淀粉。热锅凉油，下锅后不要立刻翻动。

3. 烹入料酒，可以去腥提味。

清蒸野生黑头鱼

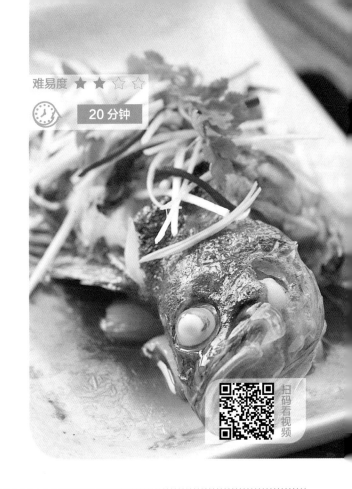

难易度 ★★☆☆

20分钟

扫码看视频

▼ 主料

野生黑头鱼	1 条

▼ 调料

葱姜片	15 克
料酒	2 大匙
盐	1 克
蒸鱼豉油	2 大匙
食用油	25 克
葱姜丝	15 克
香菜段	5 克

▼ 做法

① 野生黑头鱼去鳃、鳞和内脏，清洗干净，在鱼身上打上花刀，备用。

② 放入料酒和盐，盖上葱姜片，腌渍入味。

③ 锅中放水，水开后将鱼上箅子，猛火蒸约5分钟。

④ 将鱼取出，倒掉多余汤汁，去除葱姜片，在鱼身上均匀淋上蒸鱼豉油。

⑤ 将食用油烧热。

⑥ 鱼身上放上葱姜丝和香菜段，将热油浇淋到鱼身上即可。

1. 新鲜的鱼最适合清蒸。

2. 鱼的个头比较小，所以缩短了蒸的时间，这样能保证鱼鲜嫩的口感。

清蒸鲩鱼

难易度 ★ ★ ☆ ☆

🕐 25 分钟

▼ 主料

鲜鲩鱼　　　　1 尾（约 1000 克）

▼ 配料

虾仁	8 只
熟火腿片	10 克
猪板油丁	20 克
水发香菇片	20 克
笋片	10 克

▼ 调料

葱	3 段
姜片	20 克
料酒	20 毫升
盐、香油	各适量

★ 推荐理由 ★

此菜属淮扬菜系，成菜鲜香味美。

▼ 做法

1

2

3

4

① 鲩鱼去除内脏，洗净，两面打柳叶花刀。在鱼身上抹上盐、料酒略腌。锅内烧水，等水开后下入鲩鱼略余。

② 备好调料。

③ 在刀口相间处放上火腿片、笋片、香菇片、虾仁，再在鱼身上放葱段、姜片、猪板油丁，淋上料酒。

④ 锅内烧大火，用大火隔水蒸 15 分钟，取出去掉葱段、姜片，淋香油上桌即成。

 制作关键 》　蒸时采用大火，要隔水蒸。

剁椒鱼头

★ ★ ★ ★

40 分钟

▼ 主料

鱼头	1 个
剁椒	200 克
小米椒	200 克

▼ 调料

姜末	60 克
食用油	50 克
葱姜片	20 克
料酒	2 大匙
胡椒粉	0.8 克
小香葱	5 克

▼ 做法

① 鱼头洗净，从背部对剖开。

② 在鱼头肉厚的地方划几刀，加入葱姜片、料酒以及胡椒粉，腌渍 15 分钟。

③ 将小米椒洗净切圈，入容器中，加剁椒、切碎的姜末及 1 大匙食用油拌匀，腌渍片刻。

④ 将腌好的小米椒和剁椒铺到鱼身上。

⑤ 开水上屉，盖上锅盖，大火蒸 8 ~ 10 分钟，取出。

⑥ 锅中放入 40 克食用油，烧开。

⑦ 将热油浇淋到鱼头上，激出辣椒的香味。

⑧ 撒上小香葱末加以点缀即成。

 制作关键 ≫ 　1. 小米椒的加入是为了分担剁椒的咸味，且可增加辣椒的香气。

2. 蒸鱼头的时间根据鱼头大小而定，时间要恰好，蒸的时间过长会影响口感。

难易度

40 分钟

 制作关键 》

1. 鱼片夹刀片就是第一刀不切断，第二刀将鱼片切下，展开后呈蝴蝶状，鱼片宽大，操作简单。

2. 调汤的酸度根据自己的口味来定,鱼片最好展开下锅,这样煮熟后比较美观。

酸菜鱼

▼ 主料

草鱼	1 条
四川酸菜	250 克

▼ 调料

葱姜蒜	25 克

干红辣椒	10 根
蛋清	1 个
淀粉	1 大匙
盐	3/4 小匙
胡椒粉	0.5 小匙
料酒、白醋	各 2 大匙
盐	1/2 小匙
胡椒粉	1 克
花生油	30 克

▼ 做法

① 草鱼 1 条，去鳞、内脏，搓净腹部黑膜。

② 将鱼斩掉头尾，去掉主刺，将鱼肉片下来，切掉腩部，留净鱼肉。

③ 将净鱼肉切夹刀片，用清水冲洗干净，沥干水。

④ 切好的鱼肉加盐、胡椒粉、料酒、蛋清和淀粉，腌制约 15 分钟至入味。

⑤ 酸菜冲洗干净，撕长条，切小段。葱姜蒜切片，干红辣椒切段。

⑥ 将鱼头剖开，鱼骨切段，加盐和料酒腌渍备用。

⑦ 锅子烧热后倒入油，放入鱼头、鱼尾和鱼骨，煎 3 ~ 5 分钟，盛出。

⑧ 将葱姜蒜片和一半的干红辣椒段爆香，放入酸菜翻炒。

⑨ 加入鱼头和鱼骨，添加比食材多 2 倍的水，加盐和白醋、胡椒粉调味。

⑩ 半掩锅盖，将锅烧开。

⑪ 用漏勺将锅中的食材捞出，垫到盘底。

⑫ 剩下的汤中下入鱼片，煮开后关火。将汤和鱼片倒入垫好鱼骨的盘中。

⑬ 锅中放油烧热，放入剩余的干红辣椒段炸出香味，一起浇到鱼肉上即可。

三鲜
炒春笋

难易度 ★ ★ ☆ ☆

 15 分钟

▼ 主料

春笋	400 克
鱿鱼、虾仁、蟹柳	各 50 克

▼ 调料

葱花、蒜末	共 12 克
盐	4/5 小匙
味精	1/5 小匙
鸡粉	1/2 小匙
水淀粉	10 克
植物油	25 克

▼ 做法 ⋯⋯⋯⋯⋯⋯⋯⋯⋯⋯⋯⋯⋯⋯⋯⋯⋯⋯⋯⋯⋯⋯⋯

① 春笋剥壳，削皮，去老根，洗净。

② 将春笋和蟹柳分别切成菱形片。

③ 鱿鱼洗净，除去筋膜，切成花刀片。

④ 虾仁洗净，除去泥沙杂质。

⑤ 锅内加清水烧沸，将鱿鱼片和虾仁一同
下锅氽一下，捞出沥水，备用。

⑥ 净炒锅放油烧至六七成热，爆香葱花、
蒜末，倒入春笋、鱿鱼片、虾仁、蟹柳片。

⑦ 加入盐、鸡粉、味精翻炒均匀入味，用
水淀粉勾芡，淋明油，出锅盛盘即成。

芦笋百合炒明虾

难易度 ★★ ☆ ☆

🕐 **15分钟**

▼ **主料**

芦笋、百合	各200克
大虾	100克

▼ **调料**

葱花、蒜片	共10克
盐、白糖	各1小匙
味精	1/3小匙
水淀粉	10克
植物油	25克

▼ **做法** ···

① 将芦笋剥壳，削皮，去老根，洗净。

② 芦笋切段。鲜百合用水冲洗干净，待用。

③ 大虾洗净，用牙签挑除沙线。

④ 锅中加水烧沸，放入大虾余水，捞出，除去头，装盘备用。

⑤ 开水锅中再放入芦笋段焯水，立即捞出，沥水。

⑥ 炒锅置火上烧热，下入植物油，待油温升至六七成热时放入葱花、蒜片爆香，放入芦笋段、百合、大虾同炒。

⑦ 加入盐、白糖、味精翻炒均匀入味，用水淀粉勾芡，淋明油，出锅装盘即成。

虾仁滑蛋

难易度 ★ ★ ☆ ☆

 10 分钟

▼ 主料

| 鲜基围虾 | 100 克 |
| 鸡蛋 | 1 个 |

▼ 调料

鸡粉	1/2 小匙
盐	1 小匙
花生油	适量

▼ 准备

鸡蛋充分打散，加少许清水。

▼ 做法

① 锅中烧水，水开后放入鲜虾汆烫。

② 虾仁变色后捞出，降温后去掉头尾，剥去外壳，挑去虾线。

③ 锅烧热，刷一层油，将蛋液倒入，摊成蛋饼。

④ 蛋饼卷起，放在锅的一边，放入虾仁。

⑤ 将蛋饼铲碎，与虾仁一起翻炒均匀，加入少许盐。

⑥ 再加入适量鸡粉，翻炒均匀即可。

 制作关键 >> 1. 虾仁下锅后，变色即可捞出，加热太久会使虾肉变老。

2. 蛋液中加少许水，可以使炒出的蛋更加滑嫩。

3. 加少许鸡粉和盐调味即可，保持鲜美的味道，不需再放其他调料。

鲜虾白菜

难易度 ★ ★ ☆ ☆

15 分钟

▼ 主料

鲜虾	6 只
大白菜	200 克

▼ 调料

盐	适量
香油	适量

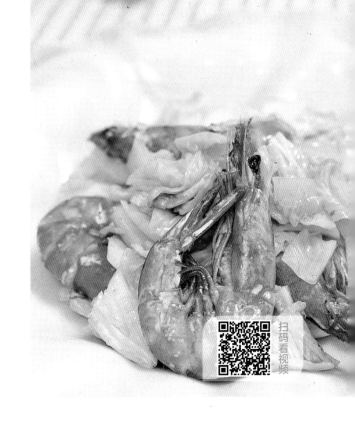

扫码看视频

▼ 做法

① 鲜虾剪去虾枪。

② 将虾内虾线剔除。

③ 白菜叶与白菜帮分别处理，均切成块。

④ 锅热后入油，放入鲜虾炒制，煸炒时用炒勺轻轻敲击虾头，使虾脑内的红油继续析出。

⑤ 煸好的鲜虾推至锅边，虾油置于锅底，放入白菜帮煸炒。

⑥ 白菜帮变软后再将白菜叶放入锅中同时煸炒，并加入盐调味，出锅时加入少许香油即可。

 制作关键 》 鲜虾白菜所使用的白菜最好选择京白菜，口感爽脆。

扫码看视频

金沙玉米虾仁

难易度 ★ ★ ☆ ☆

🕐 10 分钟

▼ 主料

虾仁	500 克
甜玉米粒	1 听

▼ 配料

淀粉	20 克
面粉	10 克
鸡蛋	2 个

▼ 调料

色拉油、盐	各适量

▼ 准备

将虾仁内虾线挑出。

▼ 做法

① 玉米粒控干水，加入淀粉裹匀。

② 炒锅烧热后加入适量色拉油，油温八成热时，将玉米粒炸至金黄，铲出晾凉备用。

③ 鸡蛋内加入面粉和成面糊，加入适量盐调味。

④ 炒锅烧热后加入刚刚炸过玉米的油。将虾仁裹匀面糊，放入锅中炸熟。炸好的玉米粒与虾仁混合炒匀即可。

 制作关键 》 玉米粒裹面粉的原因是怕里面有水分，以免炸制时会溅出油。

木耳香葱爆河虾

难易度 ★ ☆ ☆ ☆ ☆

 10 分钟

▼ **主料**

小河虾	350 克
木耳、香葱段	各 50 克

▼ **调料**

盐	1 小匙
味精	1/3 小匙
鸡粉	1/4 小匙
植物油	2 大匙

▼ **做法**

❶ 小河虾洗干净，除去泥沙杂质。

❷ 炒锅置旺火上，加入清水烧沸，放入小河虾余水。

❸ 木耳用清水浸泡全涨发，捞出择洗干净，备用。

❹ 炒锅中加入植物油烧热，下入香葱段爆香，加入小河虾、木耳。

❺ 调入盐、鸡粉、味精翻炒均匀，炒至入味，淋明油，出锅盛盘即成。

 挑选小河虾时要选外壳清洁、颜色淡黄、有光泽、大小均匀、虾身硬实饱满、头尾齐全的。

粤式
白灼虾

难易度 ★ ☆ ☆ ☆

🕐 5 分钟

▼ **主料**

鲜虾　　　　　　　　200 克

▼ **调料**

姜　　　　　　　　　1 块
香葱　　　　　　　　2 根
料酒　　　　　　　　1 小匙

▼ **准备工作**

姜洗净，切片。香葱洗净，打成结。虾洗净，剪去须、脚，挑去虾线。

扫码看视频

▼ **做法** ·······

① 锅内倒入清水，放入姜片、香葱结、料酒大火烧开。

② 放入处理好的虾，中火煮 1～2 分钟。

③ 水开后将虾马上捞起，沥干水。

④ 另外准备好喜爱的调料调成味汁，蘸食即可。

★ **制作关键** 》

三种调味汁的做法：

味汁 1：将 2 大匙生抽、1 厘米日本芥辣放入碗内，拌匀即可。

味汁 2：将 30 克蒜蓉、1/4 小匙盐、2 大匙生抽、1 小匙砂糖放入碗内调匀，锅入 2 大匙油烧热，趁热浇在碗内拌匀即可。

味汁 3：将 30 克香葱末和姜末、1/4 小匙盐、2 大匙生抽、1.5 小匙砂糖放入碗内，调匀即可。

金榜
题名虾

难易度 ★ ★ ☆ ☆

10 分钟

▼ 主料

青虾仁	300 克
白玉菇	200 克
韭黄	100 克
彩椒	10 克

▼ 调料

植物油	100 克
姜、蒜、生粉	各 10 克
盐、味精、蚝油	各 3 克
鸡粉	5 克

▼ 做法

❶ 白玉菇去根，焯水，备用。

❷ 韭黄切成 5 厘米的段，彩椒切条，姜、蒜切片。

❸ 把虾仁背部切开，用盐、味精腌渍，拍上生粉，备用。

❹ 炒锅放油，放入虾仁，煎至其外焦里嫩时出锅。

❺ 把白玉菇煎至两面金黄出锅，控油。

❻ 锅留底油，加入姜片、蒜片炒香，倒入虾仁、白玉菇、韭黄段、彩椒条，加鸡粉、蚝油翻炒调味，勾芡即可。

☆ 推荐理由 ☆

营养丰富，易于消化，是调养身体的极好食物。

难易度 ★ ☆ ☆ ☆

🕐 8 分钟

银芽
炒白虾

▼ 主料

白虾	200 克
银芽	100 克
韭菜段	30 克

▼ 配料

| 葱姜片 | 10 克 |

▼ 调料

料酒	1 小匙
盐	1/3 小匙
鸡精	1/4 小匙
胡椒粉	1 克
香油	1/2 小匙
食用油	适量

▼ 做法

① 白虾清洗干净，沥干水，备用。

② 锅烧热，入食用油，煸香葱姜片，入白虾翻炒 2 ~ 3 分钟至变色，烹入料酒。

③ 放入银芽炒 1 分钟变软后，加入盐、胡椒粉。

④ 放入韭菜段炒十几秒钟至韭菜出香味后，关火，加入鸡精和香油翻拌均匀。

⑤ 盛出即可。

★ 制作关键 ≫ 1. 韭菜有提鲜的作用，不可缺少。

2. 银芽和韭菜加热的时间都不要过长，否则口感不佳。

秋葵炒虾仁

15 分钟

▼ **主料**

鲜虾	150 克
秋葵	200 克

▼ **配料**

葱姜片	15 克

▼ **调料**

料酒	1 大匙
盐	1/2 小匙
鸡精	1/4 小匙
胡椒粉	1/4 小匙
水淀粉	2 大匙
香油	1/2 小匙
花生油	适量

▼ **做法**

① 鲜虾洗净沥水，去头壳，去虾线，留尾，备用。

② 锅中放水，烧到八成开时加入料酒和葱姜片。将虾仁氽 3～5 秒钟至变色、打卷，即刻捞出沥水。

③ 将秋葵焯水 3～5 秒钟，捞出，投入凉水过凉。

④ 取出秋葵，切成小段，备用。

⑤ 锅烧热，倒入 1 大匙油，煸香葱姜片。

⑥ 放入秋葵段翻炒均匀。

⑦ 倒入虾仁翻炒，放入盐、胡椒粉、鸡精调味，加 2 大匙水淀粉翻炒均匀。

⑧ 关火，淋入香油，拌匀后盛出即可。

★ 制作关键 》
1. 虾仁要回锅，氽水的时间不宜太长。八成热的水温下锅，可保证虾仁的口感。
2. 秋葵焯水的时间也不要过长，捞出后投入凉水，可使口感更脆爽。

醋熘海米白菜

难易度 ★ ★ ☆ ☆

🕐 10 分钟

▼ 主料

嫩白菜	400 克
海米	50 克

▼ 调料

香菜段	25 克

料酒、醋、酱油、盐、味精、
花椒、香油、花生油各适量

▼ 做法

❶ 白菜洗净，沥干水，片成抹刀片。

❷ 海米用温开水泡软，洗净，控干。

❸ 炒锅放油烧热，下花椒炒香，捞出花椒丢掉。

❹ 锅中放入海米炒出香味。

❺ 锅中放入白菜片，烹入料酒、醋熘炒至断生。

❻ 锅中加入盐、酱油、味精炒匀，淋上香油，撒上香菜段，装盘即成。

红焖大虾

难易度 ★ ★ ☆

25 分钟

▼ 主料

鲜虾	10 只

▼ 配料

葱段	5 克
姜片	5 克

▼ 调料

料酒	1 大匙
盐	1/4 大匙
糖	1/2 大匙
番茄酱	2 大匙

▼ 做法

① 准备好各种材料。

② 将虾清洗干净，剪去虾须足和虾枪，将背部开浅口，用料酒、姜片腌渍 15 分钟。

③ 油锅烧热，下入姜片、葱段煸香。

④ 放入虾，转小火煎制 3 ~ 5 分钟。

⑤ 两面煎至虾皮酥脆，加入 30 毫升水、盐、糖，倒入番茄酱，翻炒均匀，将虾煮 2 ~ 3 分钟稍焖入味。

⑥ 将虾盛出。汤汁旺火加热，烧至浓稠。

⑦ 盛出的虾摆盘。

⑧ 将烧好的汤汁浇淋在虾上即可。

 大虾选用新鲜的才会有大量的虾脑，烹虾之前剪掉虾枪，便于虾脑析出。虾煎至皮脆就熟了，所以稍微焖制入味后要及时盛出来。如果时间长了肉质发柴，影响口感。

椒盐大虾

难易度 ★ ★ ☆ ☆

 10 分钟

▼ 主料

大虾	400 克
青椒、红椒	各 50 克
大葱	40 克

▼ 调料

盐、味精	各 1 小匙
细辣椒面	少许
植物油	500 克（实耗 15 克）

▼ 做法

❶ 大虾背上切一刀，用牙签挑除虾线，洗净。

❷ 炒锅置旺火上，加入清水烧沸，放入大虾余水，捞出控干。

❸ 处理好的大虾放入七八成热的油锅中炸熟，捞出待用。

❹ 将青椒、红椒洗净，去蒂、籽，切片。大葱切段。

❺ 净锅放入植物油，下葱段爆香，放入红椒片、绿椒片、大虾。

❻ 调入盐、细辣椒面、味精，翻炒均匀入味，出锅装入盘中即成。

 制作关键 》 炸虾时油温可以稍高些，这样能使炸好的虾口感更酥脆可口。判断油温的方法：用一根干净的筷子插入油中，若筷子周围出现密集的气泡，且油上方有明显的油烟，说明油温正好合适。

盐焗虾

难易度 ★ ★ ★ ☆

 20 分钟

▼ 主料

鲜海虾	300 克
粗海盐	700 克

▼ 配料

葱姜片	15 克

▼ 调料

八角	2 个
花椒	20 粒

▼ 做法 ·······

① 粗海盐烧热，放入葱姜片、花椒和八角，炒 5 ~ 8 分钟，直至炒出香味。

② 鲜活的海虾冲洗净，充分拭干水分，再晾干片刻。

③ 将海虾倒到粗海盐上，盖上锅盖，听到锅内没有动静了，就和粗盐翻拌一下。

④ 约 5 分钟，待海虾变色后盛出，抖净盐粒即可。

 制作关键 》

1. 一定要鲜活的虾，焗盐的味道才最好。

2. 将虾和海盐翻拌可以更好地受热。焗的时间根据虾的大小来定，不要过长，以免虾肉变老。

3. 切记，用厨房纸吸干虾身的水分，否则焗出来的虾会咸。

4. 最好选用皮厚肉鲜的竹节虾来操作。

难易度 ★ ☆ ☆ ☆

10 分钟

白灼虾虎

▼ 主料

| 虾虎 | 700 克 |

▼ 配料

| 姜 | 3 片 |
| 花椒 | 10 粒 |

▼ 调料

| 盐 | 1/2 小匙 |

▼ 料汁

香醋	3 大匙
味极鲜	2 大匙
姜末	10 克

扫码看视频

▼ 做法 ·······················

① 准备好各种材料。

② 将虾虎放到大盆中，放足量的水，用筷子搅拌，将虾虎清洗干净。

③ 锅中倒入水，放入姜片、花椒和盐。

④ 将水烧至滚沸。

⑤ 放入洗净的虾虎，盖上盖煮，中间用铲子翻 2 ~ 3 次。

⑥ 将料汁调好，备用。

⑦ 煮约 5 分钟，待虾虎全部变红即可取出。剥壳蘸料汁食用。

 制作关键 》

1. 海鲜是寒性的，烹制的时候，姜是必不可少的。

2. 灼的时候，水不能过多，否则水淋淋的，影响口感。

3. 花椒可以将虾虎的鲜味激发出来，较之白水蒸煮更添风味。

香辣小龙虾

难易度 ★ ★ ☆ ☆

🕐 10 分钟

▼ 主料

小龙虾	400 克

▼ 配料

葱姜蒜片	25 克

▼ 调料

花椒	1 小匙
八角	1 个
辣椒酱、料酒	各 1 大匙
盐	1/4 小匙
糖	2 克
鸡精	1/4 小匙
花生油	适量

▼ 做法

① 小龙虾洗净沥水。锅烧热，倒入 1 大匙油，将小龙虾炒约 3 分钟至变色，盛出。

② 锅烧热放油，放入花椒和八角煸出香味，放入 1 大匙辣椒酱，炒香。

③ 加入葱姜蒜片翻炒。

④ 倒入小龙虾翻炒，烹入料酒，放盐、糖、鸡精调味，加入 30 毫升水，将小龙虾烧至入味。

⑤ 将汤汁收浓，关火即可。

制作关键 ≫

1. 提前炒制小龙虾是为了煸出水分，加料后加水是为了入味儿。

2. 调料中糖是提鲜的，用少许即可。

难易度 ★★★ ☆ ☆

20 分钟

清蒸
梭子蟹

▼ 主料

| 梭子蟹 | 4 只 |

▼ 配料

| 姜末 | 20 克 |

▼ 调料

香醋	3 大匙
味极鲜	2 大匙
鸡精	1/4 小匙
香油	3 克

▼ 做法

❶ 梭子蟹用小刷子清洗干净。

❷ 剪掉皮筋，将梭子蟹脐部朝上，冷水上箅子，盖上锅盖，开锅后蒸约 15 分钟。

❸ 调好姜醋汁：香醋、味极鲜、鸡精、香油及姜末一同搅拌均匀。

❹ 蒸好的梭子蟹配姜醋汁食用即可。

制作关键》

1. 螃蟹一定要选用鲜活的，死蟹不能吃。

2. 螃蟹蒸熟后开盖，要去掉蟹心、蟹鳃、蟹胃和蟹肠。

3. 姜醋汁驱寒，食蟹必不可少。

4. 如果是用来宴客的话，要保持出品的卖相。上箅子前用剪子在螃蟹的脐部扎一下，将螃蟹宰杀后再蒸，可确保不掉腿。

水煮大闸蟹

难易度 ★ ★ ☆ ☆

20 分钟

▼ **主料**

大闸蟹	6 ~ 8 只

▼ **配料**

紫苏叶	5 片
姜	1 块

▼ **调料**

盐	1 小匙
水	400 毫升
红糖	3 ~ 4 大匙
镇江香醋	2 大匙
味极鲜	1 大匙
白糖、香油	各 1/4 小匙

▼ **做法**

❶ 取活大闸蟹，待用。姜切片。

❷ 将螃蟹放到清水中养约 2 个小时，使其吐净泥污。

❸ 螃蟹剪掉标签，保持捆绑状态，加入刚好能没过蟹的水，冷水下锅，放入 5 ~ 6 片姜，加入 3 ~ 5 片紫苏叶和 1 小匙盐，全程中小火，烧开后煮 15 分钟。

❹ 制作姜茶：水中加入红糖，放入 5 ~ 8 片姜片，烧开后炖煮 5 分钟，关火即成。

❺ 制作姜醋汁：镇江香醋、味极鲜、白糖、香油及姜末一同搅拌均匀。

❻ 将螃蟹绑绳剪掉，装盘即可。蘸汁配姜茶食用。

与普通水煮不同，这道菜加了紫苏叶和姜片。紫苏叶具有开宣肺气、发表散寒、行气宽中、解鱼蟹毒的功效。姜是驱寒解毒必不可少的，有药用价值的烹饪佐料。

水炒蛤蜊鸡蛋

难易度 ★ ☆ ☆ ☆

8 分钟

▼ 主料

蛤蜊肉	200 克
鸡蛋	3 个
韭菜	1 小把

▼ 调料

盐	1/2 小匙
鸡精	1/4 小匙
食用油	3 ~ 5 滴

扫码看视频

▼ 做法 ·····

① 准备好净蛤蜊肉。

② 在蛤蜊肉中打上3个鸡蛋，充分搅拌均匀。

③ 加入韭菜和盐、鸡精搅拌均匀。

④ 锅中加入 80 毫升水，滴上 3 ~ 5 滴食用油。

⑤ 待水开时倒入鸡蛋液。

⑥ 用中小火推炒至蛋液凝固，关火即可。

制作关键 》

1. 水炒蛤蜊鸡蛋少油健康。

2. 水的量不用太多，1 小茶碗即可。

3. 要想保持韭菜的翠绿清香，也可先将蛋液炒至快凝固时再放韭菜。

五花肉
炒花蛤

难易度 ★ ★ ☆ ☆

🕐 **20 分钟**

▼ 主料

花蛤	400 克
猪五花肉	200 克
香菜	50 克

▼ 调料

色拉油、盐、酱油、葱姜丝、
白糖、干红椒丝、香油各适量

▼ 做法

① 花蛤吐净泥沙，洗净。猪五花肉
洗净，切片。香菜择洗干净，切段。

② 净锅置火上，倒入色拉油烧热，
下葱姜丝、干红椒丝爆香。

③ 放入五花肉片煸炒至熟，调入盐、
白糖。

④ 下入花蛤，烹入酱油，炒至花蛤
肉熟透后撒入香菜段，淋入香油，
装入盘中即可。

辣炒花蛤

难易度 ★ ☆ ☆ ☆

 8 分钟

▼ 主料

花蛤	500 克
香菜	100 克

▼ 调料

色拉油、酱油、白糖、葱姜蒜末、
干红椒段、香油各适量

▼ 做法

① 花蛤吐净泥沙后洗净，控干水。
② 香菜择洗干净，切成段。
③ 净锅上火，倒入色拉油烧热，下葱姜蒜末、干红椒段炒香。
④ 炒锅内烹入酱油，下入花蛤翻炒至张口。
⑤ 下入香菜段，调入白糖，迅速翻炒均匀，淋香油即可。

 制作关键 》 蛤蜊类生长于滩涂中，壳内有很多泥沙，因此最好提前一天用水浸泡，使蛤蜊吐净泥沙。吐沙后还要多洗几遍，确保没有残留的沙子，再用于烹制。

豉油蒸鲍鱼

难易度 ★ ★ ☆ ☆

⏱ 10 分钟

▼ 主料

活鲍鱼	5 只

▼ 配料

葱姜片	15 克

▼ 调料

料酒	1 大匙
蒸鱼豉油	2 大匙
糖	1 克
鸡精	1/4 小匙
色拉油	2～3 大匙
彩椒末、小葱圈	各适量

▼ 做法

❶ 用小刷子刷净鲍鱼外壳和鲍肉的黑边。

❷ 用勺子沿着鲍鱼壳将肉剜下来，去除内脏，清洗干净，留鲍鱼肉，备用。

❸ 在鲍鱼肉上打均匀花刀，浇上料酒，覆盖葱姜片，连同壳一起，开水上箅子，盖上锅盖，大火蒸 3 分钟。

❹ 拣出葱姜片。将蒸鱼豉油加糖，和鸡精调和均匀，分别淋到鲍鱼上。

❺ 色拉油烧至微微冒烟后，浇到鲍鱼肉上。

❻ 点缀彩椒末和小葱圈即可。

 制作关键》

1. 鲍鱼要选用鲜活的，这样才能保证肉质鲜嫩弹牙。

2. 如果选用中等大小的鲍鱼，蒸 3 分钟即可。

3. 豉油调和后口味更丰富。

4. 色拉油不必太多，要烧热才能将豉油的香味激出来。

酱爆香螺

难易度 ★ ★ ☆ ☆

 10 分钟

▼ 主料

香螺	约 400 克

▼ 调料

葱姜片	15 克
豆瓣酱	1 大匙
水	2 ~ 3 大匙
水淀粉	1 大匙
小香葱	5 克
花生油	适量

▼ 做法

① 香螺清洗干净，备用。

② 锅烧热，放 1 大匙油，加入葱姜片爆香。

③ 放入香螺翻炒 1 分钟。

④ 加入 1 大匙豆瓣酱，翻炒均匀。

⑤ 锅中点水，烧开后，加盖焖约 2 分钟。

⑥ 加入水淀粉，收好汤汁，出锅。

⑦ 装盘，撒小香葱即可。

★ 制作关键 》

1. 和直接酱爆不同，香螺要加少许水，一来可避免酱被烧煳，二来能促进香螺成熟。

2. 香螺烧的时间不要太长，否则影响口感。

3. 水淀粉可以使酱汁均匀挂满香螺。

香辣钉螺

★ ★ ☆ ☆

15 分钟

▼ 主料

钉螺	350 克

▼ 调料

葱、姜、蒜	共 20 克
花椒	10 粒
干红辣椒	4 个
青红小尖椒	各 2 个
辣椒酱	1 大匙
盐	1/4 小匙
鸡精	1/4 小匙
花生油	适量

这个外壳坚硬的小东西，肉虽然少，嗑起来却很有滋味，香辣的，下酒最好！

▼ 做法

① 钉螺洗净，剪掉尾部。

② 准备好料头，小葱切段，姜、蒜切片，干红辣椒切粗丝，青红小尖椒切椒圈。

③ 锅子烧热，放入 1 大匙油，加入干红辣椒丝和花椒粒爆香，放入葱段、姜片、蒜片。

④ 加入钉螺翻炒 1 分钟。

⑤ 放入辣椒酱，加入鸡精和盐翻炒均匀。

⑥ 放青红小尖椒圈，加入 50 毫升水，盖上锅盖，中小火焖煮 2 ~ 3 分钟，至水基本收干、钉螺成熟。

⑦ 盛出装盘即可。

1. 钉螺可以让卖家剪掉尾部，这样炒制更入味，而且方便食用。

2. 放的辣椒酱根据自己的口味来定，香辣酱、蒜蓉辣酱或郫县豆瓣酱都可以。

3. 钉螺焖煮的步骤不可少，煮熟的钉螺食用起来才放心。

蒜蓉粉丝蒸带子

难易度 ★★★☆☆

20 分钟

扫码看视频

▼ 主料

新鲜带子	13 只
绿豆粉丝	100 克

▼ 调料

生抽	3 大匙
砂糖	3 小匙
盐	1.5 小匙
蒜蓉	2/3 杯
香葱碎	30 克
色拉油	适量

▼ 做法

❶ 绿豆粉丝用温水浸泡 20 分钟变软，捞出沥干水分，用剪刀剪成段。

❷ 新鲜带子用清水浸泡 30 分钟，用牙刷把壳刷洗干净，捞出沥干。

❸ 锅入油烧热，放入蒜蓉炒出香味，调入盐，翻炒片刻制成蒜蓉料汁。

❹ 将带子肉取出，去内脏，洗净，放在带子壳上，把粉丝铺在带子肉上。

❺ 用汤匙将蒜蓉平铺在粉丝上，淋上色拉油。

❻ 锅入水烧开，将带子放入锅内蒸 4 ~ 6 分钟，取出。将生抽、砂糖放入碗内，调匀至砂糖化开，做成料汁，淋在带子上（每只带子 1/2 小匙的量），撒上香葱碎。将剩下的色拉油烧热，趁热浇在带子上即可。

制作关键 》 粉丝浸泡至变软即可，不需要浸泡太长时间，泡好的粉丝剪成两三段，太长的话夹菜时不方便。

220

酱爆鱿鱼

▼ 主料

鱿鱼	1 条

▼ 配料

青椒	半个
洋葱	半个
红朝天椒	3 根
姜蒜	15 克

▼ 调料

郫县豆瓣	1 大匙
料酒	1/2 大匙
鸡精	1/4 小匙
水淀粉	2 大匙

▼ 做法

① 将鱿鱼打花刀，切成大小合适的块。青椒和洋葱切丝，姜、蒜切片，朝天椒切圈儿，备用。

② 锅中放水，烧至八成热，将鱿鱼汆烫 3 ~ 5 秒钟，打卷即刻捞出。

③ 放入冷水中过凉，备用。

④ 热油锅将姜片、蒜片和朝天椒圈爆香。

⑤ 放入郫县豆瓣小火炒香。

⑥ 放入鱿鱼块，旺火翻炒 5 ~ 8 秒钟，烹入料酒。

⑦ 放入洋葱丝和青椒丝翻炒至回软，倒入 2 大匙水淀粉，加入鸡精调味，炒匀后将汤汁收干，盛出即可。

 制作关键 》

1. 鱿鱼处理干净，将鱿鱼须切段，鱿鱼身撕去膜，翻面，刀身倾斜 45 度，切出 6 ~ 8 毫米间隔的花刀。记得不要切断，将鱿鱼转方向，继续切条，和原来切好的条呈 90 度角。

2. 鱿鱼还要回锅，所以汆烫的时间要短。

难易度 ★ ★ ☆

10分钟

彩椒爆鲜鱿

▼ 主料

小鱿鱼（笔管）	6只
青椒	1个
红椒	半个

▼ 配料

| 葱姜片 | 15克 |

▼ 调料

生抽	1大匙
料酒	1/2大匙
盐	2/3小匙
香油	5克
水淀粉	2大匙
花生油	适量

▼ 做法

① 小鱿鱼清洗干净。

② 去掉软刺，挤掉口器，将头部拔出，去内脏，切3~4厘米的段。

③ 准备好葱姜片，青椒、红椒洗净，掰成大小合适的块。

④ 锅中烧水，待水温八九成热，下入小鱿鱼汆3~5秒钟至变色，捞出沥水。

⑤ 锅中放油，煸香葱姜片，放入青椒块、红椒块翻炒至出香味。

⑥ 倒入小鱿鱼。

⑦ 翻炒十几下，放入生抽、料酒、盐、水淀粉，炒匀至汤汁收干后关火，淋入香油。

⑧ 盛出即可。

★ 制作关键 》

1. 小鱿鱼也称笔管，学名日本枪乌贼，炒制炖食均鲜美。

2. 青椒、红椒不易入味，因而炒制的时候要挂薄芡。

吉列
鱿鱼圈

难易度 ★ ★ ☆ ☆

🕐 **15 分钟**

▼ 主料

鱿鱼	1 条

▼ 配料

鸡蛋	2 个
黄金面包糠	200 克
面粉	120 克

▼ 调料

盐	2/3 小匙
胡椒粉	0.8 克
油	600 毫升
番茄酱或甜面酱	适量

扫码看视频

▼ 做法

① 将鱿鱼去头和内脏，留鱿鱼筒，清理干净，剥去鱿鱼外膜。

② 将鱿鱼筒切成 1 ~ 1.5 厘米宽的鱿鱼圈，放胡椒粉和盐腌渍 10 分钟入味。

③ 准备好面粉、蛋液和面包糠。

④ 鱿鱼圈先蘸面粉，后裹蛋液，再蘸面包糠，逐个裹匀、压实。

⑤ 油烧至六成热，投入鱿鱼圈，转小火，炸至金黄后捞出。

⑥ 炸好的鱿鱼圈用纸吸净多余油脂，蘸番茄酱或甜辣酱食用。

 **制作关键** ≫

1. 炸鱿鱼圈的时间不要过长，否则容易影响口感。黄金面包糠颜色较深，观察颜色时要细致，不要炸焦了。

2. 蛋液要蘸匀，裹的面包糠要压实，这样才能保证有完美的外壳。

3. 炸鱿鱼圈的油要多一些，油宽易操作，还能避免外壳脱落。

韭菜
炒海肠

▼ 主料

海肠	400 克
韭菜	200 克

▼ 碗汁

味极鲜	2 大匙
香油	5 克
水淀粉	1 大匙
鸡精	1/4 小匙

▼ 调料

姜片	3 片
料酒	1 大匙
盐	2 克
香醋	3 ~ 5 滴
花生油	适量

难易度 ★ ★ ☆ ☆

10 分钟

▼ 做法

❶ 海肠剪掉两头，去除内脏，用刀沿着外皮刮一遍，进一步去除血污，用水洗净，斜切成 4 ~ 5 厘米长的段。

❷ 锅中放水，加入料酒、姜片，烧水至八成热，加入料酒，放入海肠，煮 3 ~ 5 秒钟至海肠鼓起来，立刻捞出。

❸ 韭菜切掉根部带泥的部分，洗净，切成 3 厘米长的段，备用。

❹ 调好碗汁，搅拌均匀，备用。

❺ 锅中放油，倒入韭菜段，炒香后加入盐。

❻ 放入海肠翻炒几下，倒入碗汁，将汤汁收干。

❼ 滴上香醋。

❽ 盛出装盘即可。

第四章

滋养全家的
营养汤煲

青菜钵钵汤

难易度 ★★ ☆ ☆

🕐 **15 分钟**

▼ **主料**

| 菜心 | 300 克 |

▼ **配料**

| 枸杞 | 10 克 |

▼ **调料**

| 香葱末 | 10 克 |
| 盐、鸡精、花生油 | 各适量 |

▼ **做法**

① 菜心洗净，去老皮。

② 锅中加水烧开，放入菜心焯水。

③ 将焯水后的菜心控水，切成小丁。

④ 锅中加花生油烧热，放入香葱末炝锅，放入菜心丁煸炒。

⑤ 随后加入适量清水。

⑥ 烧开后，撇去浮沫，放入枸杞，加盐、鸡精调味，出锅倒入盛器中，上桌即可。

★ **推荐理由** ★

清爽低脂，是符合现代人营养需求的清肠素汤。

南瓜蔬菜汤

难易度 ★ ★ ☆ ☆

🕐 **20 分钟**

▼ 主料

南瓜	100 克
胡萝卜	100 克
长豆角	50 克
香菇	3 朵
山药	50 克

▼ 调料

盐、鸡汁	各适量

▼ 做法 ······················

① 胡萝卜、南瓜削去皮，切片。

② 长豆角洗净，掰成段。

③ 香菇泡发，切去柄，洗净，在菌盖上剞十字花刀。

④ 山药削去皮，切厚片，用清水浸泡。

⑤ 将上述蔬菜放入锅中，加入适量清水，大火煮沸。

⑥ 改小火煮 15 分钟，加入盐、鸡汁调味即可。

1

2

3

4

5

6

平菇蛋汤

难易度 ★ ★ ☆ ☆

 20分钟

▼ 主料

鸡蛋	3个
鲜平菇	250克
青菜心	50克

▼ 调料

绍酒、盐、酱油、鸡粉、食用油各适量

▼ 做法

① 青菜心洗净，切成段。

② 将鸡蛋磕入碗中，加绍酒、盐搅匀。

③ 鲜平菇洗净，撕成薄片，在沸水中略烫一下，捞出。

④ 炒锅置旺火上，加油烧热，放入青菜心煸炒。

⑤ 放入平菇，倒入适量水，调入鸡粉，烧开。

⑥ 加盐、酱油，倒入鸡蛋液，再次烧开即成。

菌菇汤

难易度 ★ ★ ☆ ☆

 20 分钟

▼ 主料

西蓝花	50 克
小油菜	50 克
平菇	50 克
胡萝卜	50 克

▼ 调料

| 盐、鸡精 | 各适量 |

▼ 做法

① 将西蓝花掰碎，洗净，备用。

② 将胡萝卜切片，备用。

③ 将平菇掰碎，洗净，备用。

④ 将油菜去根，去黄叶。

⑤ 把油菜放入滚烫的热水中焯水，捞出，冲凉，控水。

⑥ 把掰碎的西蓝花、平菇、胡萝卜片放入锅中，用滚烫的热水焯水，捞出，冲凉，控水。

⑦ 锅中放入水后放入平菇、胡萝卜片，加入盐、鸡精调味。

⑧ 最后放入西蓝花、小油菜煮熟出锅即可。

☆ 推荐理由 ☆

素菜加菌类的搭配，煮成一锅色、香、味、形、营养俱佳的家常快手汤。

番茄煮鲜菇

难易度 ★★ ☆ ☆

🕐 15 分钟

▼ **主料**

番茄	400 克
鲜冬菇	100 克

▼ **调料**

生粉	10 克
糖	20 克
植物油	20 毫升

番茄汁、麻油、盐、葱、姜、蒜蓉、鸡粉各适量

▼ **做法**

① 葱洗净，切成较短的段。备好调料。

② 鲜冬菇洗净，切成丁，沥干，备用。番茄洗净，切块，去蒂，备用。

③ 旺火烧油锅，爆香葱段、姜，下冬菇丁爆炒。

④ 加入蒜蓉及番茄块爆炒片刻，加水煮开，煮约 10 分钟。

⑤ 加入番茄汁和各种调料煮片刻。

⑥ 用生粉加水勾薄芡，下葱花，淋入适量麻油，即可起锅。

★ **推荐理由** ★

鲜美清香，老少皆宜，具有很好的清肠排毒功效。

 制作关键 》 炒时要用旺火，营养才不易流失。

西红柿鸡蛋汤

难易度 ★★☆☆

🕐 **15 分钟**

▼ 主料

西红柿	300 克
鸡蛋	2 个

▼ 调料

大葱、香菜	各 5 克

高汤、盐、虾皮、鸡精、花生油
各适量

▼ 做法

① 锅中放入水烧开，放入西红柿烫一下。

② 取出西红柿，剥去皮，切丁。

③ 将鸡蛋磕入盛器中，打匀。准备好虾皮。将大葱切成葱花，香菜切成末。

④ 锅中放入适量的花生油，起锅爆香葱花，放入西红柿煸炒。

⑤ 加入高汤，放入盐、鸡精调味。

⑥ 放入调好的鸡蛋液，撒香菜末出锅即可。

> ★ **推荐理由**
>
> 最经典家常汤品之一，烹饪方便，营养价值极高。

海带冬瓜豆瓣汤

难易度 ★ ★ ☆ ☆

 15 分钟

▼ 主料

水发海带	60 克
冬瓜	250 克
去皮蚕豆瓣	50 克

▼ 调料

香油、盐	各适量

▼ 做法

❶ 海带洗净，切成片。

❷ 冬瓜去皮、瓤，洗净。

❸ 将冬瓜切成长方块。蚕豆瓣洗净。

❹ 炒锅置火上，加香油烧热，放入海带片、蚕豆瓣略炒。

❺ 炒锅内加入 200 毫升清水，加盖烧煮。

❻ 至蚕豆将熟时放入冬瓜块，加盐调味，煮熟即可。

冬瓜粉丝丸子汤

难易度 ★ ★ ★ ☆

30 分钟

▼ 主料

五花肉	400 克
小冬瓜	1/2 个

▼ 调料

粉丝	60 克
葱姜	20 克
香菜	1 棵

酱油、五香粉、料酒、胡椒粉、
鸡精、香油、盐、醋各适量

▼ 做法

① 将肥二瘦八的五花肉剁成细腻的肉馅。
将葱姜切末。香菜切段。

② 在肉馅中加入葱姜末、酱油、五香粉、
料酒、胡椒粉、香油和盐，搅拌均匀，腌渍
入味。

③ 锅中放水，开火，将水烧至锅底微微冒
小泡时，将肉馅用手抓起，用虎口挤出丸子，
用小勺舀起制成的丸子放到锅中。

④ 煮至全部漂浮，用勺子撇净浮沫。

⑤ 小冬瓜去皮、瓤，切块备用。

⑥ 将粉丝和冬瓜块一起放到汤中。

⑦ 将粉丝煮至透明，冬瓜块煮至半透明，
加入盐、鸡精、胡椒粉调味，关火后点两滴醋，
撒上香菜段即可。

莲藕
排骨汤

难易度 ★ ★ ★ ☆

 45 分钟

▼ 主料

莲藕	250 克
排骨	200 克

▼ 调料

色拉油、盐、味精、葱段、姜片、酱油、八角、香油各适量

▼ 做法

❶ 莲藕削去皮，洗净，切块。排骨洗净，斩块。

❷ 将排骨入沸水锅中余水，捞出控净水分。

❸ 炒锅置火上，倒入色拉油烧热，下入葱段、姜片、八角爆香。

❹ 放入排骨煸炒。

❺ 倒入水，调入盐、味精、酱油。

❻ 煲至排骨八分熟时下入莲藕。

❼ 小火炖煮至排骨熟烂，淋入香油即可。

凉瓜黄豆排骨煲

难易度 ★ ★ ☆ ☆

30 分钟

▼ 主料

凉瓜	200 克
黄豆	50 克
排骨	150 克

▼ 调料

盐	5 克
糖	5 克
味精	4 克
鸡粉	4 克
胡椒粉	2 克
高汤	500 克
葱、姜	各少许
植物油	适量

▼ 做法

① 把排骨切成小段，凉瓜对半切开，去心，切菱形块。黄豆洗干净。

② 把排骨、黄豆余水。

③ 将凉瓜焯水。

④ 锅内放入油，放入葱、姜煸炒，加入高汤。放入排骨、黄豆炖制 10 分钟。

⑤ 加入凉瓜稍炖，再加入其他的调料调味，炖至熟即可。

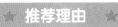

★ 推荐理由 ★

清热解暑，是最适合夏季饮用的汤品之一。

白萝卜
排骨汤

难易度 ★ ★ ☆ ☆

 30 分钟

▼ 主料

白萝卜	200 克
排骨	200 克
胡萝卜	150 克

▼ 调料

大葱段	10 克
姜片	10 克
盐、鸡精、香葱段	各适量

▼ 做法

① 将白萝卜去皮，洗净。

② 将胡萝卜去皮，洗净，切滚刀块。

③ 将排骨洗净，剁块，备用。

④ 把白萝卜块、胡萝卜块放入滚烫的热水中焯水，捞出，冲凉，控水。

⑤ 把大葱段、姜片放入滚烫的热水中焯水，捞出，冲凉，控水。

⑥ 将排骨放入滚烫的沸水余一下，10 分钟后捞出，洗净。

⑦ 锅中加水，放入葱段、姜片和排骨略煮。

⑧ 锅中再放入白萝卜块、胡萝卜块煮制，撒盐、味精煮至排骨熟透，撒上香葱碎，出锅即可。

★ 推荐理由 ★

此汤为家常汤品之一，营养均衡，汤汁清爽鲜美。

冬瓜炖排骨

难易度 ★ ★ ☆ ☆

🕐 **30 分钟**

▼ 主料

排骨	200 克
冬瓜	150 克

▼ 调料

大葱段	20 克
葱段	5 克
盐、鸡精、花生油	各适量

▼ 做法 ⋯⋯⋯⋯⋯⋯⋯⋯⋯⋯⋯⋯⋯⋯⋯⋯⋯⋯⋯⋯⋯⋯

① 将排骨洗净，剁块，放入滚烫的沸水中余水，捞出洗净。

② 将冬瓜去皮，洗净，切块。

③ 锅中放入少许花生油，放入葱段爆香后加入适量的水，放入排骨大火炖至七分熟。

④ 放入冬瓜片炖熟，放入盐、鸡精调味，搅拌均匀，出锅即可。

☆ 推荐理由 ☆

口感鲜香宜人，制作简单，具有消暑、润燥等功效。

山药炖排骨

难易度 ★ ★ ☆ ☆

🕐 35 分钟

▼ 主料

| 铁棍山药 | 150 克 |
| 排骨 | 200 克 |

▼ 调料

| 大葱段、姜片 | 各 10 克 |
| 盐、鸡精、枸杞、葱花各适量 | |

▼ 做法 ··········

① 将铁棍山药去皮，洗净，切成块。

② 将排骨洗净，剁块。

③ 锅中放入滚烫的沸水，放入排骨余水，捞出，洗净血污。

④ 锅中放入适量的水，把余水的排骨放入锅中炖至五分熟。

⑤ 放入大葱段、姜片。

⑥ 排骨炖至七分熟时，放入盐、鸡精调味。

⑦ 放入铁棍山药炖熟，撒上枸杞、葱花出锅即可。

★ 推荐理由 ★

营养美味的家常食补汤品，口感爽滑鲜美。

花生
排骨煲

难易度 ★ ★ ☆ ☆

 **35 分钟**

▼ 主料

排骨	300 克
花生米	100 克

▼ 调料

食用油	100 毫升

盐、葱段、姜粒、鸡精、生粉、
葱花各适量

▼ 做法

① 花生米洗净,倒入锅里,加水和少许盐同煮。

② 排骨洗净,加入盐、姜粒、生粉腌渍。

③ 锅烧热,倒入适量食用油,放入排骨煎炸,炸时火调小点,把一面煎成金黄后再煎另一面。

④ 另起砂锅,将炸好的排骨放入砂锅。

⑤ 加入水,放葱段、姜粒,下入花生米,大火煮开后转小火继续煮。

⑥ 待肉酥烂时,用生粉加水打个薄芡,大火收汁。

⑦ 用盐和鸡精调味,加入葱花,即可享用。

★ **推荐理由** ★

炸制后的排骨与花生同煲使汤味浓郁、肉酥味美。

猪蹄瓜菇煲

难易度 ★★★☆

 80 分钟

▼ 主料

红枣	30 克
猪前蹄	1 只
丝瓜	300 克
豆腐	250 克
香菇	30 克

▼ 调料

姜片、盐、黄芪、枸杞子、当归各适量

▼ 做法

① 香菇洗净，泡发，去蒂。

② 丝瓜削皮，洗净，切块。

③ 豆腐冲洗一下，切块。

④ 猪前蹄去毛，洗净，剁成块，放入开水锅中煮 10 分钟，捞起冲洗净。

⑤ 黄芪、枸杞子、当归、红枣放纱布袋中备用。

⑥ 锅内入药袋、猪蹄、香菇、姜片及适量清水，大火煮开后改小火，煮 1 小时至肉熟烂。

⑦ 放入丝瓜块、豆腐块，继续煮 5 分钟，加盐调味即成。

豆腐
猪蹄汤

难易度 ★ ★ ☆ ☆

70 分钟

▼ 主料

猪蹄	1 只
豆腐	500 克
干香菇	20 克
胡萝卜	100 克

▼ 调料

姜丝、盐	各适量

▼ 做法 ....

① 干香菇用温水泡发，洗净。豆腐洗净，切块。

② 胡萝卜洗净，切片。

③ 猪蹄处理干净，剁成块。

④ 猪蹄入锅，加适量水煮 10 分钟。

⑤ 再放入香菇、胡萝卜片、豆腐块、姜丝、盐。

⑥ 炖至猪蹄熟烂时离火即成。

 制作关键 》 将香菇用冷水洗净，切去柄，菌盖朝上放入温水中（水中加少许白糖，效果更好），待香菇变软后用手轻轻搅动泡香菇的水，使残留的泥沙脱落即可。将香菇捞出，泡香菇的水静置澄清，炒菜需加水时倒入锅中，有增鲜的效果。

难易度 ★ ★ ☆

45 分钟

牛肉 海带汤

▼ 主料

| 牛里脊肉 | 100 克 |
| 海带 | 150 克 |

▼ 配料

| 牛肉汤 | 500 毫升 |

▼ 调料

鲜味酱油	2 大匙
香油、鱼露	各 1 大匙
蒜末	20 克
盐	1 克

扫码看视频

▼ 做法 ....

① 将牛里脊肉尽量切成薄片，加入鲜味酱油腌渍入味。

② 将海带洗净后泡发，多次用水冲洗后沥干水，切段。

③ 准备好蒜末。

④ 不粘锅中放入香油，下入腌好的牛肉片煸炒至变色。

⑤ 放入海带，加入鲜味酱油翻炒均匀。

⑥ 倒入牛肉汤，大火烧开后小火炖约 10 分钟，关火前几分钟放入蒜末，加入鱼露和盐调味即可。

 制作关键 »

1. 牛里脊肉非常嫩，冷冻后肉片切得越薄越好，炖煮的成熟度还可以和海带保持一致，孩子吃起来也方便。

2. 海带汤的灵魂是蒜末，不要加其他的料头，以免味道不佳。要选用好的鱼露，给海带汤提鲜增味必不可少。

胡萝卜炖牛肉

难易度 ★ ★ ★ ☆

120 分钟

▼ 主料

| 牛肉 | 500 克 |
| 胡萝卜 | 2 根 |

▼ 配料

中等大小的土豆、洋葱	各 2 个
嫩豆荚	50 克
枸杞	30 克

▼ 调料

面粉、胡椒粉、盐、奶油各适量

▼ 做法 ....

① 牛肉切块，撒盐、胡椒粉和面粉拌匀。

② 胡萝卜切小块，土豆、洋葱切片，豆荚切段。

③ 奶油放炒锅内烧热，放入牛肉块炒成茶色。

④ 放入洋葱片共炒，加 4 碗热水，放入枸杞，加盖煮开。

⑤ 改用极弱的火，依次加入胡萝卜、土豆、豆荚和洋葱，煮 1.5 小时后放盐。

⑥ 用 3 大匙面粉调成糊状，倒入汤里搅匀，再煮半小时后加盐、胡椒粉调味即可。

难易度 ★ ★ ★ ☆

100 分钟

黑色
补肾汤

▼ 主料

牛尾	300 克
海带	100 克
黑豆	50 克
桂圆	50 克

▼ 调料

葱、姜、味精、盐、绍酒各适量

▼ 做法 ....

① 黑豆提前半天用清水泡发。海带用水浸泡后，洗净切菱形块。葱切段，姜切片。

② 牛尾洗干净，凉水下锅煮开，余水去净血沫，捞出，备用。

③ 去掉桂圆皮，剥出其肉。

④ 锅中烧开水，放入牛尾、葱段和姜片，开锅撇去浮沫后再加入绍酒。

⑤ 旺火煮开，待飘出香味后加入黑豆，继续小火煮 90 分钟左右。

⑥ 海带焯水后，倒入汤中。

⑦ 再稍微煮一会儿，放入桂圆肉，待肉烂时，加盐和味精调味即可。

★ 制作关键 》

放盐不宜过早，以免影响汤的鲜味。

萝卜
牛腩煲

难易度 ★ ★ ★ ☆

70 分钟

▼ 主料

| 萝卜 | 300 克 |
| 熟牛腩 | 350 克 |

▼ 调料

花椒、桂皮、香叶、八角各少许	
盐、白糖、鸡粉、老抽　各 5 克	
蚝油	10 克
味精	3 克
色拉油	30 克
腐乳	35 克
姜、葱	各适量

▼ 做法

① 把萝卜切成小块。

② 姜切片，葱一部分切成段，另一部分切成碎。

③ 热锅凉油，放入切好的葱、姜，煸出香味。

④ 再把切好的牛腩放入锅中，煸干。

⑤ 加入 500 克的水，放入花椒、桂皮、香叶、八角、老抽、蚝油、盐、白糖、腐乳、味精、鸡粉调味，焖煮 30 分钟。

⑥ 加入萝卜块翻炒 15 分钟。

⑦ 再焖煮 15 分钟，撒上葱碎即可出锅。

★ 制作关键 》 放盐不宜过早，以免影响汤的鲜味。

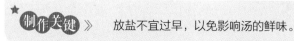

土豆炖牛腩

难易度 ★★★☆

 45 分钟

▼ 主料

| 土豆 | 150 克 |
| 牛腩 | 150 克 |

▼ 调料

| 葱花、八角 | 各 5 克 |
| 盐、鸡精、生抽、花生油各适量 | |

▼ 做法 ....

① 将土豆去皮，洗净，切块。

② 将牛腩洗净，放入滚烫的沸水锅中氽水，捞出，冲凉，控水。

③ 锅中放入适量的花生油，放入葱花、八角爆香，倒入生抽调色。

④ 放入牛腩煸炒，倒入适量的水。

⑤ 放入土豆，大火转小火炖熟。

⑥ 放入盐、鸡精调味，炖至成熟，出锅即可。

羊肉丸子
萝卜汤

难易度 ★ ★ ★ ☆

🕐 **45 分钟**

▼ **主料**

羊肉	200 克
白萝卜	1 根
鲜香菇	150 克
肥肉末、芹菜末	各 50 克

▼ **调料**

葱姜汁、盐、味精、胡椒粉、高汤、
香油、香菜、鸡蛋液、植物油、
淀粉各适量

▼ **做法** ·······

① 白萝卜去皮，洗净，切块。香菇洗净，
切块。

② 羊肉剔去筋，剁成细蓉，放入盆中。

③ 将葱姜汁徐徐倒入盆中，顺着同一个方
向搅打上劲。

④ 再加入蛋液、肥肉末、芹菜末、盐、味精、
胡椒粉、淀粉，搅匀。

⑤ 锅置中火上，注入高汤大火烧沸，将羊
肉馅下成小丸子，放入锅中。

⑥ 慢火将丸子氽熟，下入萝卜块和香菇块，
加调料调味。

⑦ 出锅时撒香菜末，淋上香油即成。

山药
羊肉汤

难易度 ★ ★ ★ ☆

50 分钟

▼ 主料

羊肉　　　　　　　　　　500 克
淮山药　　　　　　　　　　50 克

▼ 调料

生姜、葱白、胡椒、料酒、盐
各适量

▼ 做法

❶ 生姜、葱白洗净，拍破。淮山药用清水
闷透，切成厚 0.2 厘米的片。

❷ 羊肉剔去筋膜，洗净，略划刀口，再入
沸水锅内余去血水，捞出控干水。

❸ 淮山药片与羊肉一起放入锅中，加清水、
生姜、葱白、胡椒、料酒，武火烧沸。

❹ 撇去汤面上的浮沫，移小火上炖至酥烂。

❺ 捞出羊肉晾凉，切片，放入碗中。

❻ 将原汤中的生姜、葱白除去，连山药一
起倒入羊肉碗内即成。

芥菜
咸鸡煲

▼ 主料

老鸡	500 克
芥菜	400 克
胡萝卜	50 克
高汤	500 克

▼ 调料

盐	5 克
味精	6 克
鸡粉	4 克
花生油、葱、姜	各适量

▼ 做法

① 把老鸡清洗干净，用盐、姜腌制 10 小时。

② 把鸡肉切成 1 厘米宽、4 厘米长的条状，蒸熟。

③ 把胡萝卜切成自己喜欢的花样。

④ 芥菜清洗干净，用刀稍拍下，切成块。

⑤ 炒锅放油，倒入葱、姜炒香，放入鸡肉和高汤，加入芥菜、胡萝卜花，调味即可。

1

2

3

4

5

★ 推荐理由 ★

色泽翠绿怡人，口感鲜香不腻。

 制作关键 》 炒时要用旺火，营养不易流失。

太极豌豆苗

难易度 ★ ★ ☆ ☆

 30 分钟

▼ 主料

鸡脯肉	250 克
嫩豌豆苗	200 克
猪肥膘	50 克
鸡蛋	1 个
火腿末	20 克

▼ 调料

高汤	1000 毫升
水淀粉、熟猪油、盐	各适量

▼ 做法

1 将鸡脯肉和猪肥膘剁成蓉状。

2 鸡蛋磕入碗中，取蛋清。

3 把鸡蛋清、水淀粉倒入肉蓉中，搅拌成糊。

4 豌豆苗焯水后剁成碎末。

5 锅中倒入高汤烧开。

6 徐徐倒入鸡肉糊并不断搅拌，至鸡粥翻花时，加盐调味，装一半入碗。

7 另一半鸡粥内放豌豆苗末，搅拌至匀。

8 另起锅，放熟猪油，倒入鸡粥不断搅拌，盛放于碗的另一边，将火腿末点缀在两端，成太极形图案即成。

 制作关键 》 锅中倒入鸡肉糊时，动作要慢，煮的时间不宜太长，否则鸡肉口感容易变硬。

蘑菇炖鸡

难易度 ★ ★ ★ ☆

45 分钟

▼ 主料

小公鸡	半只
平菇	150 克
木耳	10 克

▼ 调料

葱花、姜片　　　各 5 克

高汤、盐、鸡精、生抽、花生油各适量

▼ 做法

① 将小公鸡剁块，备用。

② 将剁好的鸡块放入沸水中氽水，洗净血污，捞出，备用。

③ 将平菇撕成小朵，洗净，备用。

④ 将撕碎的平菇放入滚烫的热水中焯水，捞出，冲凉，控净水。

⑤ 锅中放入花生油，放入葱花、姜片爆香。

⑥ 将鸡块放入锅中进行翻炒，烧至七分熟。

⑦ 加入高汤，放入平菇、木耳进行煮制。

⑧ 放入盐、鸡精、生抽调味，待食材都煮熟后盛出装盘即可。

> ★ **推荐理由** ★
>
> 东北风味传统美食，汤汁滋味鲜美，鸡肉肉质细嫩。

八宝鸡汤

难易度 ★ ★ ★ ☆

 40 分钟

▼ 主料

母鸡肉	1500 克
猪肉、猪杂骨	各 750 克

▼ 调料

生姜、香葱、料酒、盐　各适量
药袋（内装熟地、当归各 7.5 克，
党参、白术、茯苓、白芍各 5 克，
川芎 3 克，炙甘草 2.5 克）1 个

▼ 做法

❶ 鸡肉、猪肉、猪杂骨分别洗净，
控干水。

❷ 将鸡肉、猪肉、猪杂骨和药袋
放锅内，加入适量水。

❸ 煮沸后撇去浮沫，加入生姜、
香葱和料酒。

❹ 用小火将原料炖烂，捞去药袋、
猪骨。

❺ 捞出煮好的鸡肉、猪肉，切成片。

❻ 将鸡片、猪肉片再放回锅内，
加入盐调味即成。

玉米炖鸡

难易度 ★ ★ ☆ ☆

🕐 **40 分钟**

▼ 主料

鸡	300 克
熟玉米	100 克

▼ 调料

葱花、姜片	各 5 克
盐、鸡精、花生油	各适量

▼ 做法 ....

① 将鸡剁成块，备用。

② 将剁好的鸡块放入滚烫的沸水中余水，捞出，洗净血污。

③ 将熟玉米剁成块。

④ 锅中放入少许的花生油，放入葱花、姜片爆香。

⑤ 放入鸡块翻炒。

⑥ 放入适量的水炖制。

⑦ 放入玉米块炖熟。

⑧ 放入盐、鸡精调味，炖至入味，出锅即可。

> **☆ 推荐理由 ☆**
>
> 金黄甜脆的玉米搭配肉质鲜美的鸡肉同炖，使汤汁甜美可口。

荸荠雪梨鸭汤

难易度 ★ ★ ☆ ☆

 40分钟

▼ 主料

荸荠	100克
鸭块	25克
雪梨	2个

▼ 调料

| 盐 | 少许 |

▼ 做法

① 雪梨去皮、核，切片。

② 荸荠削去皮，切片。

③ 将雪梨、荸荠与鸭块放入锅中。

④ 加适量水同煮至熟，加少许盐调匀即可。

★ 推荐理由 ★

荸荠与雪梨甜脆多汁，搭配鸭肉煮汤，汤汁甜润可口，还可润肺止咳。

鸭血
粉丝汤

难易度 ★ ★ ☆ ☆

30 分钟

▼ **主料**

鸭血	200 克
豆腐泡、粉丝	各适量

▼ **调料**

盐、味精、葱、姜、干辣椒、
香菜末、花椒、胡椒粉、香油、
花生油、高汤各适量

▼ **做法** ⋯⋯⋯⋯⋯⋯⋯⋯⋯⋯⋯⋯⋯⋯⋯⋯⋯⋯⋯⋯⋯⋯⋯⋯⋯⋯⋯⋯⋯⋯⋯⋯⋯

① 粉丝剪成段，放入清水中浸泡后，备用。香菜切末，
备用。豆腐泡备用。

② 鸭血洗净，切块，豆腐泡切开，两者均入盘中，
备用。

③ 锅烧热，倒入油，爆香葱、姜、花椒、干辣椒。

④ 倒入豆腐泡和鸭血，慢慢翻炒。

⑤ 加入高汤或者清水，煮开后放入粉丝。

⑥ 待粉丝烧透后，加盐、味精调味。

⑦ 出锅时撒上香菜末、胡椒粉、香油即可。

推荐理由

南京传统名吃，口感鲜香爽滑，让人爱不释手。

★ *制作关键* ≫ 粉丝最好先在水中浸泡，以免煮
的时候糊汤。煮汤最好用高汤，
味道更鲜。

难易度 ★★☆☆☆

30 分钟

光鱼豆腐汤

▼ 主料

新鲜光鱼	2 条
内酯豆腐	1 块

▼ 调料

枸杞	8 粒
葱姜片	15 克
料酒	1 大匙
姜片	8 克
盐	1/2 小匙
胡椒粉	0.5 克
鸡精	1/4 小匙
香油	1 小匙

▼ 做法

① 新鲜光鱼开膛后去除内脏，清洗干净。

② 用刀割除盒子的小角，将内酯豆腐完整地脱出来，切块。

③ 锅中入水烧开，放入料酒和葱姜片。将切段的光鱼下水余烫3～5秒钟，捞出备用。

④ 另起一锅，倒入清水，放入余好的光鱼，大火烧滚。

⑤ 放入切小块的内酯豆腐，加入姜片，放入枸杞，调入盐、胡椒粉。

⑥ 大火烧开，半掩锅盖，小火慢炖至汤色浓郁，加入鸡精和香油。

⑦ 盛出即可。

清汤鱼丸

难易度 ★ ★ ★ ★
30 分钟

▼ 主料

新鲜海鲈鱼	1 条

▼ 调料

葱、姜	各 5 克
盐	1/2 小匙
白胡椒粉	0.3 克
鸡精	1/4 小匙
料酒	1 大匙
鸡蛋清	1 个

淀粉、盐、胡椒粉、鸡精、香油、醋、香菜各适量

▼ 做法

① 新鲜海鲈鱼洗净,备用。

② 将鲈鱼去头、尾、主刺,片掉鱼腩,用刀将鱼肉刮下,备用。

③ 鱼肉用刀背剁成鱼糜,葱、姜切末,和鱼肉边剁边混合到一起,剁至鱼糜细滑。

④ 将鱼肉糜放入盐、鸡精和白胡椒粉、料酒,搅拌均匀。

⑤ 将鱼肉糜中少量多次加入清水半碗,沿一个方向搅拌,直至水分全部吸收,鱼肉糜呈厚粥状。分次加入蛋清和 1 大匙淀粉,不断沿一个方向搅拌,直至鱼糜呈起胶状态。

⑥ 锅中加入清水,小火加热,待温度稍微上升,左手将鱼丸用虎口挤出,右手用勺挖下,放入锅中,中小火烧开,将浮沫撇除,待鱼丸煮至漂浮关火。

⑦ 捞出,放到凉开水中。

⑧ 将汤调味,加入盐、胡椒粉、鸡精、香油、醋,放入鱼丸,撒上香菜即可。

黑豆
鲤鱼汤

难易度 ★ ★ ☆ ☆

 25 分钟

▼ 主料

黑豆	30 克
鲤鱼	1 条

▼ 调料

生姜	1 片
植物油	适量
盐	适量

▼ 做法

① 黑豆洗净，用清水浸泡 3 小时。

② 鲤鱼去鳞、腮、内脏，洗净切段。

③ 起油锅烧热，放入鲤鱼略煎，取出，沥油。

④ 鲤鱼、黑豆、姜片、清水同放锅内，武火煮沸，改文火煮至黑豆熟软，加盐调味即可。

推荐理由

此汤色白如奶、香气扑鼻，是很好的家常滋补汤品。

萝卜丝鲫鱼汤

难易度 ★ ★ ☆ ☆

 20 分钟

▼ 主料

鲫鱼　　　　　　　500 克
白萝卜　　　　　　300 克

▼ 调料

盐、大葱、姜、味精　各适量
植物油　　　　　　15 毫升
料酒　　　　　　　10 毫升

▼ 做法

❶ 白萝卜去皮，洗净，切成细丝。葱、姜洗净，葱切成长段，姜切成细丝。

❷ 鲫鱼去鳞、鳃及内脏，洗干净，在鱼身两面划十字花刀。炒锅上火，倒油烧热，放进鲫鱼煎炸，炸至两面金黄。

❸ 倒入适量清水，放入葱、姜、萝卜丝、味精、盐和料酒，盖上锅盖，大火煮开。

❹ 调至小火慢炖 10 分钟左右。

❺ 取出葱段，装盘即可。

 ≫ 煎炸鲫鱼时一定要用小火，待一面炸黄时再炸另一面，翻时不要把鱼翻烂了。

难易度 ★★☆

20 分钟

奶汤鱼头

▼ 主料

| 鱼头 | 500 克 |

▼ 调料

植物油	300 克
盐	4 克
味精	5 克
白糖	3 克
鸡粉	3 克
高汤	500 克
胡椒粉	3 克
葱、姜、蒜	各少许

▼ 做法

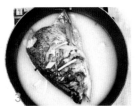
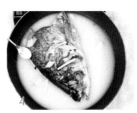

❶ 把姜切片，葱切段。

❷ 热锅倒油，把鱼头煎至微黄。

❸ 加入高汤，放入葱、姜、蒜。

❹ 加入盐、味精、白糖、鸡粉、胡椒粉调味，再煮 15 分钟即可。

✿ 推荐理由 ✿

汤汁乳白鲜香，有利于延缓衰老、益智补脑。

海鳗
鸡骨汤

难易度 ★ ★ ★ ☆

30 分钟

▼ **主料**

海鳗	400 克
鸡骨	400 克
牛蒡	1/2 根
鲜冬菇	4 朵

胡萝卜、独活、西芹、三叶芹
各适量

▼ **调料**

植物油、鸡汤、白酒、盐、酱
油、醋、黑胡椒粉各适量

▼ **做法** ┄┄┄┄┄┄┄┄┄┄┄┄┄┄┄┄┄┄┄┄┄┄┄┄┄┄┄┄┄┄┄┄┄┄

① 鸡骨洗净，放入沸水锅中，旺火烧沸后改用微火
炖煮。

② 余至鸡骨发白时撇出浮沫，使汤保持滚开的状态，
收至剩一半浓汤，用法兰绒布过滤。

③ 海鳗连皮带骨刺切成片，放入 170 ～ 175℃的热
油中，炸至表面变色后捞出。

④ 牛蒡用刀削成竹叶状，用醋漂洗，去除涩味，沥
干水。

⑤ 鲜冬菇切去硬蒂，再切成薄片。西芹去筋，切段，
顺纤维切成细丝。

⑥ 胡萝卜削去皮，切细丝。独活切段，削去皮，切
细丝，用醋水漂洗。

⑦ 鸡汤入锅煮沸，放入牛蒡、冬菇、独活和胡萝卜
稍煮，加盐、酱油调味。

⑧ 放入海鳗片，烹入少许白酒，撒入三叶芹，加少
许黑胡椒粉翻匀即成。

难易度 ★★☆☆

15 分钟

西红柿鲜虾蛋花汤

▼ 主料

鲜虾仁	100 克
西红柿	1 个
鸡蛋	2 个

▼ 配料

葱片、蒜片	共 15 克

▼ 调料

料酒、淀粉	各 1 小匙
鸡精	1/4 小匙
胡椒粉	1 克
番茄酱	1 大匙
盐	2/3 小匙
香油	1/2 小匙
小香葱	5 克
花生油	适量

▼ 做法 ·······

① 鲜虾仁入容器中，加入料酒、盐、胡椒粉和淀粉抓匀，备用。

② 锅中放油，加入葱片和蒜片煸香。

③ 去皮的西红柿切小块，下锅翻炒十几下。

④ 加入 1 大匙番茄酱炒匀，倒入热水，快烧开时加入虾仁。

⑤ 汤烧开后倒入搅打均匀的蛋液。

⑥ 蛋液膨起后立即关火，用铲子将锅底轻推，加入盐、鸡精、香油调味。

⑦ 撒小香葱，盛出即可。

丝瓜虾米蛋汤

难易度 ★ ★ ☆ ☆

15 分钟

▼ 主料

丝瓜	250 克
虾米	50 克
鸡蛋	2 只

▼ 调料

鸡清汤	适量
葱花	适量
盐	适量
食用油	适量

▼ 做法 ···

① 丝瓜刮去外皮，切成菱形片。

② 鸡蛋磕入碗中，加盐打匀。虾米用温水泡软，待用。

③ 炒锅上火，放油烧热，倒入鸡蛋液，摊成两面金黄的鸡蛋饼。

④ 将鸡蛋饼铲成小块，装入碗中待用。

⑤ 锅中放油再烧热，下葱花炒香，放入丝瓜炒至变软。

⑥ 加入适量开水、鸡清汤，放入虾米，烧沸后煮约 5 分钟。

⑦ 放入蛋饼块再煮 3 分钟，加盐调味即可。

难易度 ★ ★ ☆ ☆

15 分钟

蛤蜊味噌汤

▼ 主料

黄蛤蜊	300 克
裙带菜	100 克
甜虾仁	80 克

▼ 配料

姜片	15 克

▼ 调料

味噌	1 大匙
盐	1/2 小匙

▼ 做法

❶ 将黄蛤蜊放到盐水中养半天，让其吐净泥沙和污物。下锅前将壳搓洗干净，换几遍水。

❷ 锅入水，加姜片，快开时倒入蛤蜊，加盐，开口立刻捞出关火。待汤降温后再倒入锅中，顺时针搅拌。

❸ 蛤蜊充分洗净泥沙后捞出，备用。

❹ 将蛤蜊汤澄清 2～3 遍，放入裙带菜，加入 1 大匙味噌煮至汤开，味噌化开。

❺ 加甜虾仁，煮开，放入蛤蜊即刻关火，加盐调味。

❻ 盛出即可。

★ 制作关键 ≫

1. 黄蛤蜊汤鲜味美，适合做汤，但是注意别煮老了，开口立即捞出。味噌汤煮好后直接放入蛤蜊，关火。

2. 将煮好的蛤蜊在汤中多涮几遍，去净泥沙。原汤要澄清后再用。

3. 蛤蜊汤本身就很鲜，又加了味噌，所以烧开后只用盐调味就足够了。

奶汤蛤蜊娃娃菜

难易度 ★ ★ ☆ ☆

🕐 **20 分钟**

▼ **主料**

蛤蜊肉	200 克
娃娃菜	1 棵

▼ **配料**

鸡蛋	2 个

▼ **调料**

牛奶	80 毫升
蛤蜊原汤	600 毫升
小香葱末	5 克
盐、鸡精、香油	各 2/3 小匙

▼ **做法** ························

① 鸡蛋磕入碗中，打散。

② 娃娃菜择好洗净，切条。

③ 蛤蜊肉洗净。

④ 锅烧热，放入比平时炒菜多 2 倍的油量，倒入蛋液，滑炒至蛋液刚刚凝固。

⑤ 倒入澄清的蛤蜊原汤。

⑥ 放入娃娃菜。

⑦ 倒入牛奶，将汤烧开，将娃娃菜加盐和鸡精调味，关火后放入蛤蜊肉。盛出，撒小香葱末即可。

 》
1. 滑炒鸡蛋的时候油要多些，火要轻些，可以让鸡蛋更嫩。

2. 蛤蜊肉不需要再煮了，否则容易老，口感不好。

3. 娃娃菜煮制时间不宜过长。蛤蜊汤和脆爽的娃娃菜搭配，鲜美清爽又可口。

难易度 ★ ★ ☆ ☆

🕐 20分钟

文蛤
豆腐汤

▼ 主料

文蛤	约300克
内酯豆腐	1块
裙带菜	200克

▼ 配料

| 枸杞 | 10粒 |
| 姜片 | 10克 |

▼ 调料

盐	2/3小匙
鸡精	1/2小匙
香油	1小匙

▼ 做法

① 文蛤清洗干净表面。

② 将壳撬开后取肉，同时保留蛤蜊壳里的汁水。

③ 裙带菜洗净，泡发约半个小时，备用。

④ 内酯豆腐去包装，切小块备用。

⑤ 锅中放水，加入豆腐和裙带菜煮开。

⑥ 倒入文蛤肉以及汤汁，放入姜片。

⑦ 加入枸杞，再次烧开后至蛤肉收紧，撇净浮沫关火，加入盐、鸡精，淋上香油即可。

 制作关键 》

1. 文蛤适合做汤，但是壳很厚，需要煮较长时间，直接取肉再煮可以掌控蛤蜊肉的火候。当然，开蛤蜊壳的时候一定不要把文蛤壳里的汤汁浪费掉，那可是蛤蜊汤鲜美的关键。

2. 煮蛤蜊的时间不要过长，肉质收紧即可，此时口感最佳。

第五章

超人妈妈——
给孩子的营养早餐

难易度 ★ ★ ★ ☆

40 分钟

千层肉饼套餐

主食 千层肉饼
汤粥 小米绿豆粥 + 桂花酸奶
水果 苹果

千层肉饼

▼ 原料

面粉 200 克，猪五花绞肉 135 克，
葱 60 克

▼ 调料

姜末、料酒各 1 小匙，生抽 2 小匙，
老抽 1/2 小匙，五香粉 1/4 小匙，蚝
油 1.5 大匙，盐 1/2 小匙，生粉 1 小匙，
香油 1 小匙

小米绿豆粥

▼ 原料

小米 120 克，绿豆 30 克

桂花酸奶

▼ 原料

酸奶 300 克

▼ 调料

糖桂花适量

★ 营养早参考 》

热腾腾的绿豆粥，配上香喷喷的千层肉饼，还有
哪个孩子能不为之胃口大开呢？再加上适合孩子
口味的自制桂花酸奶，其中的有益乳酸菌还能帮
孩子的肠道做个健康运动。饭后再来一个富含维
生素 C、天然果胶的苹果，一顿营养健康的早餐
就大功告成了。

▼ 头天晚上准备

① 面粉中冲入 50 ~ 60℃的温水 130 克，搅拌均匀。

② 揉成光滑柔软的面团，装入保鲜袋中。

③ 猪绞肉加姜末、料酒、生抽、老抽、五香粉、蚝油、盐，分次淋入少许水搅拌顺滑，加生粉搅匀，淋香油拌匀。

④ 拌好的肉馅覆盖保鲜膜，放入冰箱冷藏。小米和绿豆分别淘洗干净，放入电压力锅中，加入水，以预约方式煮粥。苹果洗净。

▼ 次日早上完成

① 葱切碎，加入前一晚调好的肉馅中，拌匀。

② 冰箱中取出面团，搓成一头略粗的条。

③ 擀开，尽量擀薄。

④ 铺上肉馅，宽的那头留出边缘不抹。

⑤ 一层层叠起，边抻边叠，让面皮更薄一些。

⑥ 叠到宽头时，用多余的面皮包住。

⑦ 捏紧面皮边缘。

⑧ 盖干净纱布，松弛 5 ~ 10 分钟后轻轻擀开，擀薄成肉饼生坯。

⑨ 平底锅烧热，锅底淋少许油抹匀，放入肉饼生坯，中小火煎半分钟后给其表面刷油。

⑩ 将肉饼翻面。

⑪ 盖上锅盖，中途还需翻面，煎至两面金黄、上色均匀、面饼鼓起，即可出锅。

⑫ 酸奶装杯中，淋入糖桂花拌开。粥装碗中。苹果切块装盘。肉饼切件装盘。完成！

糯米饭
团套餐

主食 糯米饭团
汤粥 胡萝卜甜汤

难易度 ★ ★ ★ ☆

20 分钟

糯米饭团

▼ 原料

糯米 300 克，火腿 1 片，生菜叶、
辣白菜、榨菜各适量

胡萝卜甜汤

▼ 原料

小胡萝卜 2 根，小米 50 克

▼ 调料

冰糖 3 块

★ 营养早参考 》

胡萝卜中的胡萝卜素在人体内能转变为维生素 A，
而维生素 A 是维持视力正常的重要营养素。小米
性温，善补脾胃，尤其适合在夏季早晨食用。糯米
性温，具有补益作用，将其同蔬菜做成饭团，圆润
可爱的外形，会让孩子眼前一亮，食欲大增。

▼ 头天晚上准备 ....

① 糯米淘洗干净，提前浸泡 10 小时以上。

② 将泡好的糯米捞出放入碗中，电压力锅中装入适量水，放入 1 个小蒸架，上面摆放盛糯米的碗，选预约方式定时将糯米在第二天早上蒸熟。

③ 胡萝卜去皮洗净，蒸至熟透。小米浸泡 2 个小时以上。将胡萝卜、小米连同浸泡的水一起倒入豆浆机中，打成细腻的米浆。

▼ 次日早上完成 ....

① 胡萝卜小米浆倒入锅中，补充足量的水煮开，加入冰糖，转小火煮 10 分钟左右。

② 取出蒸熟的糯米，火腿切条，辣白菜切碎，榨菜切碎。

③ 案板上放一张大一些的保鲜膜，取适量糯米，摊平。

④ 放上适量火腿、辣白菜、榨菜和生菜叶。

⑤ 兜住保鲜膜包住，攥紧。

⑥ 整理成条形饭团。胡萝卜甜汤盛入碗中。饭团装盘，吃的时候揭掉保鲜膜即可。

 制作关键 》

1. 胡萝卜加小米的组合，有孩子小时候吃的婴儿辅食的味道，即便是不爱吃胡萝卜的小孩子也会爱喝这款甜浆的。

2. 制作糯米饭团时，糯米容易粘在勺子上，将勺子蘸白开水后再取糯米，就不会粘了。

难易度 ★ ★ ★ ☆

🕐 30 分钟

菜肉汤面套餐

主食 菜肉汤面
配菜 炒蛋
汤粥 薏米红豆水
水果 猕猴桃

菜肉汤面

▼ 原料

西红柿 1 个，卷心菜 100 克，泡发木耳 75 克，猪五花肉（或里脊肉）50 克，挂面 120 克

▼ 调料

葱花、姜丝、花生油各适量，料酒 2 小匙，生抽 2 小匙，盐 2 小匙，香油少许

炒蛋

▼ 原料

鸡蛋 3 个

▼ 调料

盐 1/2 小匙

薏米红豆水

▼ 原料

薏米 50 克，红豆 50 克

★营养早参考 》

炎炎夏日，体液消耗较多，这时候来一碗汤面，不仅蔬菜、肉皆备，营养合理，还能补水，且不容易让热量超标。炒蛋是再简单不过的家常菜，非常下饭。薏米红豆水能祛湿利水，尤其适合湿热的夏季饮用。猕猴桃是人见人爱的美味，富含果酸、维生素 C 等，能清暑热、抗疲劳，所以早餐后别忘了来一个哦！

▼ 头天晚上准备

① 薏米、红豆分别洗净（无需浸泡），放入锅中，倒入足量的水，开火煮至水沸后关火，闷约 1 小时至锅子凉下来，再开火，煮至锅中水再次沸腾，关火闷一夜。

② 西红柿、卷心菜分别洗净，沥水。木耳泡发后洗净。

▼ 次日早上完成

① 放薏米和红豆的锅再次开火煮沸，关火静置放凉。（图1）

② 西红柿去皮，切块。卷心菜、木耳、猪肉分别切丝。（图2）

③ 炒锅放油烧热，下入肉丝炒至变色，下葱花、姜丝炒匀，淋入料酒、生抽，炒至肉丝上色。（图3）

④ 倒入菜丝和木耳丝，翻炒均匀。（图4）

⑤ 倒入足量的水。（图5）

⑥ 将水再次烧开，下入挂面、西红柿块，调入盐，大火烧开，转中火煮开。（图6）

⑦ 煮至挂面熟透、汤变稠，关火，淋入少许香油拌匀。（图7）

⑧ 鸡蛋充分打散，调入盐。另起锅，油热后下蛋液大火快炒，炒至刚熟即关火盛出。（图8）

⑨ 薏米红豆水装杯。面条盛碗。炒蛋装盘。猕猴桃削皮，切块，装盘。完成！

制作关键 ≫
1. 薏米红豆水是老少皆宜的一款汤水，可以祛湿健脾，呵护全家人的身体。这种三煮三闷的方法，既可以省火，又很合理地安排了时间，早餐时刚好可以喝到温热的汤水。

2. 剩下的红豆和薏米，可以在午餐或晚餐时加热后拌入红糖吃。但红豆吃多了易引起胀气，所以注意一次不要吃太多。

难易度 ★ ★ ★ ☆

20 分钟

紫菜手卷套餐

主食 紫菜手卷
汤粥 蜂蜜牛奶
水果 葡萄

紫菜手卷

▼ 原料

紫菜 6 张，熟米饭约 150 克，鸡蛋 1 个，薄五花肉片 100 克，豆芽 50 克

▼ 调料

生抽 2 大匙，白糖 2 小匙，韩国辣酱 1 小匙，料酒 1 小匙，橄榄油适量

蜂蜜牛奶

▼ 原料

牛奶 250 毫升 / 人

▼ 调料

蜂蜜适量

★ 营养早参考 》

含优质蛋白质、钙质丰富的牛奶中加入蜂蜜，使其增加了滋阴润燥、宣肺止咳的作用，甜甜的口味也容易让孩子接受。充满韩式风情的紫菜手卷，色、香、味俱全，定能让孩子食欲大增。最后再吃几颗葡萄，酸酸甜甜的味道带来一天的好心情！

▼ 头天晚上准备 ···

① 蒸熟米饭。如果家里电饭锅有预约功能，可以用预约方式蒸新鲜白米饭。

② 豆芽洗净，沥水。

③ 葡萄清洗干净，沥水。

▼ 次日早上完成 ···

① 牛奶倒入小锅中加热。鸡蛋煮熟后过冷水，剥壳。

② 锅中烧开水，将豆芽焯煮2分钟，捞出后过冷水，再沥净水备用。（图1）

③ 将生抽、白糖、韩国辣酱和料酒放入小碗里调匀。（图2）

④ 炒锅烧热后倒入适量橄榄油，油热后下入肉片煎至变色，用厨纸将多余油吸掉。（图3）

⑤ 倒入步骤 ③ 中备好的酱汁，小火煮至收汁入味，拌炒均匀，关火。（图4、图5）

⑥ 白煮蛋去壳，切长条形。

⑦ 案板上铺好一张紫菜，对角线方向铺约2/3长的米饭（一角留出不铺），再铺上豆芽、肉片和鸡蛋，将底部向上翻折，左右搭着紧紧卷起。（图6、图7）

⑧ 牛奶装杯，加适量蜂蜜调开。紫菜手卷装盘。葡萄装盘。完成！（图8）

 制作关键 》 包卷紫菜手卷的时候，需要稍微用力将其卷紧，紫菜本身具有一定的黏性，可以卷得很紧，方便食用。

难易度 ★ ★ ★ ☆

20 分钟

鲜香菌菇豆腐脑套餐

主食 面鱼
配菜 鲜香菌菇豆腐脑
水果 葡萄

鲜香菌菇豆腐脑

▼ 原料

盒装内酯豆腐 2 盒（约 700 克），蟹味菇、白玉菇各 150 克，泡发木耳 80 克，鸡蛋 1 个

▼ 调料

小葱 1 根，生抽 2 大匙，白糖 2 小匙，水淀粉 1 大匙（用 1 小匙淀粉加 2 小匙水调匀），香油少许

★ 营养早参考 》

食材的搭配形式可以是丰富多彩的。鲜香菌菇豆腐脑用内酯豆腐为原料，加入了双菇、木耳、鸡蛋，使蛋白质实现互补，更易吸收，多种菇多糖还能增强人体免疫力。面鱼作主食，其别致的外观能增强孩子食欲。酸甜的葡萄是秋季最美味的应季水果之一，能为大脑工作提供充足的葡萄糖。

▼ 头天晚上准备 ···

① 面鱼炸好。

② 木耳泡发，择洗干净。

③ 蟹味菇和白玉菇洗净，沥水。

④ 葡萄洗净，沥水。

▼ 次日早上完成 ···

① 将内酯豆腐用勺子挖出大块儿，放入碗里，上锅，和面鱼一起蒸 2 ~ 3 分钟至热透。（图 1）

② 小葱切葱花。木耳切细丝。

③ 炒锅烧热放适量油，下葱花爆香，倒入蟹味菇、白玉菇和木耳，大火炒至水分收干。（图 2）

④ 倒入生抽、白糖，炒匀后倒入水没过原料，烧开后小火继续煮 5 分钟。（图 3、图 4）

⑤ 鸡蛋充分打散。水淀粉调好。

⑥ 将水淀粉淋入锅里，边淋边用锅勺顺一个方向搅动。（图 5）

⑦ 汤汁变稠后，再细细地淋入蛋液，边淋边搅动。（图 6）

⑧ 关火，点几滴香油搅开，即成"素菌菇卤"。

⑨ 取出蒸好的豆花，将菌菇卤浇在上面即可。

 ★ 制作关键 ≫ 1. 内酯豆腐跟豆腐脑（也叫豆花）的制作原料和工艺是相同的，所以我们想吃豆腐脑的时候，可以用超市买来的内酯豆腐自己制作，更方便快捷、省时省力，也更干净卫生。

2. 用香菇、木耳、黄花菜等原料来做这个卤子，味道也很好，做法是一样的。

难易度 ★ ★ ★ ☆

20 分钟

煎蛋培根三明治套餐

主食 煎蛋培根三明治
汤粥 自制黑芝麻糊 + 果粒桂花酸奶

煎蛋培根三明治

▼ 原料
淡奶小吐司 3 片 / 人，鸡蛋 1 个 / 人，培根 2 片，生菜适量

▼ 调料
沙拉酱适量

自制黑芝麻糊

▼ 原料
熟黑芝麻 60 克，白糖 40 克，糯米粉 20 克

果粒桂花酸奶

▼ 原料
酸奶 150 毫升 / 人，桃子适量

▼ 调料
糖桂花适量

★ 营养早参考 ≫

中医认为，黑色入肾，故黑芝麻糊具有滋肾强筋的功效，还能补充夜间流失的水分。煎蛋培根三明治富含蛋白质、碳水化合物，如果想控制脂肪的摄入量，则可以少放或不放沙拉酱。果粒桂花酸奶，其中的有益乳酸菌能改善肠道菌群环境，促进毒素排出。

▼ 头天晚上准备 ···

生菜和桃子分别清洗干净，沥水。

▼ 次日早上完成 ···

❶ 黑芝麻、白糖和糯米粉一起装入搅拌机的湿磨杯中，搅打细腻。（图1）

❷ 打好的黑芝麻稠糊倒入小锅中，加入约500毫升水，煮开后转小火，再煮5分钟，关火。（图2）

❸ 培根一切为二。平底煎锅烧热，放入培根，旁边放少许油，打入鸡蛋煎制。培根可直接放在锅里煎。
（图3）

❹ 煎至培根两面变色、微焦时取出。剩下的煎蛋淋入几滴水，盖上锅盖焖煎至熟。（图4）

❺ 小吐司入烤箱，设定150℃烤3分钟，取出，内侧抹适量沙拉酱，上面依次摆放生菜、培根、吐司、
生菜、煎蛋、吐司。酸奶装碗，拌入糖桂花，放上切成小块的桃子。黑芝麻糊装杯。完成！

　　　1. 如果用的是生芝麻，需要提前烤熟或用干锅焙熟。
　　　　　　　　　2. 黑芝麻糊装杯前最好能过下筛子，口感更细滑。

煎饼果子套餐

 20 分钟

主食 煎饼果子

汤粥 牛奶

水果 桃子

煎饼果子

▼ 原料

绿豆 60 克，小米 20 克，水 225 克，生菜、火腿、油条（或油饼、薄脆等）、小葱各适量，鸡蛋 2 ~ 3 个（此量约可做 5 张饼）

▼ 调料

甜面酱、腐乳各适量

▼ 头天晚上准备

❶ 将绿豆用搅拌机打成细粉，倒入大碗里。

❷ 将小米用搅拌机打成细粉，倒入同一个大碗里。

❸ 碗中倒入水，将绿豆粉和小米粉充分混匀，盖好，放进冰箱冷藏一夜使其更好地融合。生菜、小葱、桃子分别洗净。

 **≫**

可清热解毒的绿豆，搭配富含氨基酸的小米，制成的煎饼果子尤其适合夏季早晨食用。火腿、鸡蛋是一对好搭档，能提高蛋白质吸收利用率。桃子能补益气血，尤其适合身体瘦弱的孩子食用。

▼ 次日早上完成

① 牛奶热好。将绿豆粉浆过滤，滤网上的渣挤干水后扔掉不要（也可加些面粉摊饼）。

② 小葱切细葱花，火腿切丝，甜面酱和腐乳碾匀，油条或油饼放入烤箱烤至表面酥脆。鸡蛋打在碗里，搅拌均匀。

③ 小火加热平底不粘锅，温热时抬起锅，倒入粉浆，一次倒入的量以转开后刚刚可以铺满锅底为宜，转动锅底小火加热。

④ 待饼底可以剥离锅底时，轻轻翻面，在饼皮表面倒入适量蛋液，用木铲将其均匀地摊开在饼皮上，撒上小葱花。

⑤ 待蛋液略凝固时再翻面，刷上酱，放上油条、生菜和火腿丝，卷起即可。

⑥ 煎饼果子、桃子分别装盘，牛奶装杯，上桌即可。

制作关键 »

1. 如果嫌磨粉太麻烦，可以购买现成的绿豆粉和小米面。

2. 饼皮一定要摊得很薄才香脆好吃，厚了口感非常不好。除了多练习外，一款好用的不粘锅也可以让你事半功倍。

3. 生浆下锅时锅子一定不能太热，否则摊不开。第一张做完后要等锅子离火降温后再做第二张。为了节约时间，我会直接用水冲洗一下锅子，快速降温。

第六章

大展身手——
私人订制套餐

家宴配餐有讲究

本书在前面介绍了近 300 款菜肴的制作方法，这些菜肴烹调方法各异，有凉菜、热炒、汤煲，是不是让您有些眼花缭乱呢？能不能将它们都学会暂且不说，关键时刻大家看到的只是您摆上餐桌的一桌好饭，这一桌好饭好菜不仅应该是您最拿手的，而且应该荤素搭配，做到既美味又营养。考虑到这点，本书不仅要教大家学做一手好菜，更要教大家活学活用——配一桌好菜。这样一来，大到佳节来临、亲朋小聚，小到平日里每天必有的一日三餐，您都能够得心应手，沉着应对。为美味加分，让健康加倍！

▼ 在家宴客全攻略

1. 家宴设计首先应从选料开始。俗话说"巧妇难为无米之炊"，没有好的原料是做不出好的菜肴的，所以选料时要以鲜、活、净为标准。

2. 有了原料，接下来就是配菜。因为巧妙的搭配以及原料改刀的形状、大小、厚薄程度等都直接影响菜肴的口感和质量。

3. 接下来就是烹调，所谓"烹"即为加热，"调"即是调味。火候（火力的大小）是烹调的关键一环，调味是重要一关，所谓"五味调和百味香"，投料的先后、多少是否恰到好处，直接决定菜肴的好吃与否。

4. 最后对成品的点缀、装饰可起到锦上添花、画龙点睛的作用，能让您的菜顿时光彩夺目，让客人过目不忘，唇齿留香。

▼ 家宴配餐有什么讲头？

宴席的组成一般由凉菜、头菜、热菜、汤煲、主食、饮品、餐后点心等组成。可根据各地及个人口味、习惯的不同，设计、搭配不同的家宴菜谱。在配家宴菜单时要注意：原料尽可能不重复使用，口味也要尽可能丰富多彩，这样才会让客人感觉到整个宴席的丰盛，显示出主人的热情好客，烹调技艺的精湛高超。

1. **冷热搭配：** 宴席上要有凉菜也要有热菜。一般 2 ~ 4 人凉菜 2 道，5 ~ 7 人凉菜 4 道，8 ~ 10 人凉菜 6 道。

2. **烹调方法搭配：** 有炒菜，还要有烧、煮、炖、蒸等方法烹调的菜肴。

3. **颜色的搭配：** 食材的选择要尽量做到色彩多样，诱人食欲，营养也更全面。

4. **形状的搭配：** 片、丝、条、粒、蓉等。

5. 味道的搭配： 咸、甜、酸、辣、清淡等一应俱全。

6. 荤素搭配及季节性菜品也要有所体现。

此外，配菜时还要注意客人的生活习惯和口味特点。

1. 港澳和广东地区： 喜清淡，口味以生、脆、鲜、甜为主。

2. 京津及河北、河南地区： 味道浓郁，稍咸。

3. 四川、湖南、湖北、贵州地区： 喜好带酸辣味的菜肴。

4. 浙江、上海等地区： 喜甜美、偏清淡，烤鸭、咸水鸭为南京人喜爱的佳肴。

5. 老年人： 适宜吃松软的食品。

6. 孩童： 喜爱吃香甜食物。

▼ 在家宴客需要注意什么问题？

逢年过节，做一桌好菜宴请亲朋，一来可以加深感情，二来可以放松一下心情。这本来是件好事，但是如果不注意一些细节，则往往会为赴宴的客人带来一些不便，使你一整天乃至好几天的忙碌收不到预期的效果，平添遗憾。

要点 1：忌餐前先喝甜饮料

用餐前，很多人喜欢喝些甜饮料，特别是儿童，多数人会选择可乐类碳酸饮料。然而，碳酸饮料不仅营养价值低，还会妨碍胃肠对食物的消化吸收。相比之下，纯果汁、蔬菜汁和鲜豆浆都是不错的选择，餐前饮一些纯酸奶则对饮酒者有较好的保护作用。

要点 2：忌鱼肉类凉菜唱主角

宴饮之时，一般都要上几个凉菜下酒开胃。凉菜通常油脂较少，且搭配有荤有素，可以平衡主菜油脂过多和蛋白质过量的问题。然而，如果饭桌上只有酱牛肉、熏鱼等鱼肉类凉菜，便使凉菜失去了调剂营养的作用，还会加剧蛋白质过剩。

比较好的选择是以生拌蔬菜、蘸酱蔬菜和水果沙拉等凉菜为主，再配上一两个油脂少的鱼肉类或豆制品。用这些清爽的食物开胃，可以保证一餐中的膳食纤维和钾、镁元素的摄入，还能平衡蛋白质的摄入。

要点 3：忌所有菜肴都油多调味重

许多人喜欢味道浓重的菜肴，认为这样才吃得过瘾。然而，菜肴中总要有咸有淡，有酸有辣，才不至于令味蕾过分疲惫。此外，调料过多往往会遮盖食物原料本身的鲜味，甚至带来不新鲜气味和较为低劣的质感。

在配菜的时候，应适当配一些调味较为清淡的菜肴，如清蒸、白灼、清炖做法的。再配两三个浓味菜肴和一两个酸辣或酸鲜菜，用来提神醒胃。这样一来，一桌饭菜有突出、有呼应、有回味，口味丰富，也不至于过分油腻。

要点 4：忌海鲜满桌

一些人特别喜欢河鲜、海鲜类产品，总觉得只有吃这些才显得宴席足够高档。其实，水产品尽管营养丰富，口味鲜美，却也是污染的"重灾区"。建议每餐的水产品菜肴控制在 1 ~ 3 道菜，食用量也要适当控制，每人每餐不超过 200 克为好。

要点 5：忌蔬菜菌藻不见面

餐宴的一大危害就是动物性食品和植物性食品比例严重失衡。由于一餐中摄入大量蛋白质而无法充分被人体吸收，大量蛋白质会分解作为能量使用，同时产生含氮废物，加重肝脏和肾脏的负担，并破坏酸碱平衡。

在节日期间，应当选择那些平日食用较少的高档素食，如菌类、高档新兴蔬菜、保健坚果以及藻类、薯类等营养价值较高的蔬菜。这些素食既能促进健康，又能减轻消化系统的负担，同时，它们也会凸显主人的健康意识和时尚品位。

要点 6：忌餐后喝碗咸味汤

都说"餐前喝汤，越喝越靓"，聚会用餐时，较少见到开胃汤水，倒是餐间或餐后会送上有油有盐的汤。实际上，丰盛的宴席后并不适合饮用大量浓汤。这是因为大量菜肴已经提供了极多的盐分和油脂，令身体不堪重负。如果再喝油盐较重的汤，必然会增加盐分和热量摄入，对健康无益。

最好的选择是餐前喝点汤，数量不要过多，还能减少摄食量，对于减肥有一定好处。餐后或餐间更适合食用杂粮豆类制成的粥，或者索性用香茶清口。

要点 7：忌吃菜肴不吃粮

空腹食用大量富含蛋白质而缺乏碳水化合物的食物，不仅于消化无益，其中的蛋白质还会被浪费，并产生废物。从营养和健康的角度来说，如果不喝酒，餐前不妨上一小碗米饭或一小碗粥。这样既能减少蛋白质的浪费又能减轻油腻食物对胃的伤害。在凉菜中加入一些含淀粉的原料，也能在一定程度上减轻这些问题。

要点 8：忌以酥香小点心代主食

时下宴客时兴以各种花色主食替代米饭和面条。这些花色主食主要是各种酥香小点、炒饭、抛饼、油炸点心等，其中的油脂含量大大高于米饭、面条，特别是酥点类和抛饼类，油脂含量高达 30％以上，甚至还含有较高比例的饱和脂肪。如果食用了植物奶油和起酥油，还会产生对心脏健康极为不利的"反式脂肪酸"。因此，用这些花色主食来替代传统主食，显然很不明智。

春节家宴

2 ~ 4 人配餐

5 ~ 7 人配餐

8 人以上配餐

凉菜

爽口果醋藕片 p.56	美极肉干 p.82	蓑衣黄瓜 p.52	棒棒鸡 p.94	葱拌八带 p.114

头菜

干烧平鱼 p.187　　富贵红烧肉 p.151　　清蒸鲈鱼 p.183

热菜

清炒芦笋 p.121　宫保鸡丁 p.169　红烧狮子头 p.152　黑胡椒牛柳 p.160　炒蟹粉 p.133

汤煲

八宝鸡汤 p.252　或　土豆炖牛腩 p.246

主食

香芹豆腐干猪肉水饺　或　擂沙汤圆

配餐说明 »

春节是中国民间最隆重、最富有特色的传统节日，也是最热闹的一个古老节日，俗称"过年"。本系列套餐所选菜品均突出了春节喜庆和合家团圆的热闹氛围。

端午家宴

8 人以上配餐

5 ~ 7 人配餐

2 ~ 4 人配餐

凉菜

白菜拌海蜇皮
p.116

云片脆肉
p.84

鲜果沙拉菠菜
p.42

凉拌桃花虾
p.105

羊肉拌香菜
p.90

头菜

剁椒鱼头
p.193

糖醋排骨
p.155

红焖大虾
p.207

热菜

松仁玉米
p.130
湖南辣椒小炒肉
p.148

家味地三鲜
p.128

秋葵炒虾仁
p.205

锅包肉
p.145

汤煲

羊肉丸子萝卜汤
p.247

或

海鳗鸡骨汤
p.261

主食

五香猪肉
粽子

或

傣家糯米
菠萝饭

配餐说明 »

端午节是我国汉族人民的传统节日，这一天必不可少的活动为吃粽子和赛龙舟，据说是为了纪念屈原，至于挂菖蒲、艾叶，薰苍术、白芷，喝雄黄酒，则是为了驱邪。这套端午配餐选料多样，以咸香口味为主。

288

中秋家宴

2 ～ 4 人配餐

5 ～ 7 人配餐

8 人以上配餐

凉菜

甘蓝沙拉
p.48

红油肚丝
p.86

花雕醉毛豆
p.67

双脆拌蛏子
p.111

手撕虾仁鲜笋
p.101

头菜

干煎带鱼
p.190

酸菜鱼
p.195

湖南辣椒小炒肉
p.148

热菜

三色炒藕丁
p.124

兰度牛柳
p.161

蚝油里脊
p.143

清炒山药
p.125

水煮大闸蟹
p.213

汤煲

牛肉海带汤
p.242

或

清汤鱼丸
p.257

主食

双色绿豆沙
冰皮月饼

或

酥皮鲜肉
月饼

配餐说明 »

中秋之夜，明月当空，清辉洒满大地。人们把月圆当作团圆的象征，在这一天，游子要回归故里与家人团聚，边赏月边吃月饼。除必吃的月饼之外，家人团聚免不了上一道象征全家团聚的菜心羊肉丸，寄托亲人永不分离的美好愿望。

寿宴

8 人以上配餐

5 ~ 7 人配餐

2 ~ 4 人配餐

凉菜

一清二白

p.76

大蒜炝牛肚

p.88

鸡丝凉皮

p.92

花生拌鸭胗

p.98

海虹拌菠菜

p.110

头菜

茄子焖鲈鱼

p.182

土豆烧排骨

p.156

豉油蒸鲍鱼

p.217

热菜

彩椒炒海鲜菇

p.127　香芋炒鸡柳

p.173

肉末南瓜

p.129　红焖大虾

p.207

酥炸里脊排

p.146

汤煲

或

花生排骨煲

p.239　荸荠雪梨鸭汤

p.254

主食

或

蜂蜜蛋糕　关中臊子面

配餐说明 》

寿宴指家人给老人做寿。按老北京的风俗，只有年龄超过 50 岁才可称 "做寿"，而且只有家中辈分最高的人，才有资格大张旗鼓地 "做寿"。寿宴重质不重量，因为是为老人专门操办的，宜精致清淡。

满月 / 百天家宴

2 ~ 4 人配餐

5 ~ 7 人配餐

8 人以上配餐

凉菜

炝拌金针腐竹丝
p.78

芹香猪肝
p.87

蜜糖紫薯百合
p.71

花生拌鸭胗
p.98

烧椒拌金钩
p.106

头菜

重庆辣子鸡
p.171

鲶鱼烧茄子
p.188

东坡羊肉
p.164

热菜

栗子烧白菜
p.122

板栗红烧肉
p.154

台湾卤猪脚
p.159

水炒蛤蜊鸡蛋
p.214

蒜蓉粉丝蒸带子
p.220

汤煲

海带冬瓜豆瓣汤
p.232

或

太极豌豆苗
p.250

主食

香菇滑鸡粥

或

干炒牛河

配餐说明 》

中国传统风俗，当小孩生下足一个月的时候，往往要举家庆贺。过满月就是这种庆贺的方式。过满月，是在庆祝"家有后人""添丁之喜""足月之喜"。各地风俗不同，也有的地方将满月推迟到"百岁"，即小孩出生一百天时庆祝，寄托了长者希望新生命健康长寿的美好心愿。

291

亲朋小聚家宴

2 ~ 4 人配餐

5 ~ 7 人配餐

8 人以上配餐

凉菜

爽口花生仁

p.68

炝拌鸡心

p.97

紫米山药

p.66

捞汁菠菜扇贝

p.107

葱拌八带

p.114

头菜

土豆烧排骨

p.156

红烧鸡块

p.177

清蒸野生黑头鱼

p.191

热菜

肉末茄条

p.141

干炸沙丁

p.184

豆豉香煎鸡翅

p.175

酱爆香螺

p.218

三鲜炒春笋

p.196

汤煲

或

冬瓜粉丝丸子汤

p.233

蘑菇炖鸡

p.251

主食

或

鲜虾培根比萨

葱油饼

配餐说明 》

亲朋之间随兴小聚的家常宴客餐，相对来说搭配就比较随意，但也需注意食材选择的多样、咸淡、清重、荤素的搭配。